策略思考

建立自我獨特的insight，讓你發現前所未見的策略模式

The BCG Way

The Art of Strategic Insight

御立尚資
（Takashi MITACHI）

梁世英——譯
徐瑞廷——編審

經營管理 76

策略思考

建立自我獨特的insight，讓你發現前所未見的策略模式

（原書名：鍛鍊你的策略腦）

作　　者　御立尚資
譯　　者　梁世英
編　　審　徐瑞廷
責任編輯　文及元、林博華
行銷業務　劉順眾、顏宏紋、李君宜
總 編 輯　林博華
發 行 人　凃玉雲
出　　版　經濟新潮社
104台北市中山區民生東路二段141號5樓
電話：（02）2500-7696　傳真：（02）2500-1955
經濟新潮社部落格：http://ecocite.pixnet.net
發　　行　英屬蓋曼群島商家庭傳媒股份有限公司城邦分公司
104台北市中山區民生東路二段141號11樓
客服服務專線：02-25007718；25007719
24小時傳真專線：02-25001990；25001991
服務時間：週一至週五上午09:30~12:00；下午13:30~17:00
劃撥帳號：19863813　戶名：書虫股份有限公司
讀者服務信箱：service@readingclub.com.tw
香港發行所　城邦（香港）出版集團有限公司
香港灣仔駱克道193號東超商業中心1樓
電話：852-2508 6231　傳真：852-25789337
E-mail: hkcite@biznetvigator.com
馬新發行所　城邦（馬新）出版集團 Cite (M) Sdn Bhd
41, Jalan Radin Anum, Bandar Baru Sri Petaling,
57000 Kuala Lumpur, Malaysia.
電話：603-90578822　傳真：603-90576622
E-mail: cite@cite.com.my
印　　刷　一展彩色製版有限公司
初版一刷　2011年3月15日
二版一刷　2014年4月3日
二版八刷　2020年5月11日

城邦讀書花園
www.cite.com.tw

ISBN：978-986-6031-51-9

定價：360元

Printed in Taiwan

〈出版緣起〉

我們在商業性、全球化的世界中生活

經濟新潮社編輯部

跨入二十一世紀，放眼這個世界，不能不感到這是「全球化」及「商業力量無遠弗屆」的時代。隨著資訊科技的進步、網路的普及，我們可以輕鬆地和認識或不認識的朋友交流；同時，企業巨人在我們日常生活中所扮演的角色，也是日益重要，甚至不可或缺。

在這樣的背景下，我們可以說，無論是企業或個人，都面臨了巨大的挑戰與無限的機會。

本著「以人為本位，在商業性、全球化的世界中生活」為宗旨，我們成立了「經濟新潮社」，以探索未來的經營管理、經濟趨勢、投資理財為目標，使讀者能更快掌握時代的脈動，抓住最新的趨勢，並在全球化的世界裏，過更人性的生活。

之所以選擇「**經營管理—經濟趨勢—投資理財**」為主要目標，其實包含了我們的關注：「經營管理」是企業體（或非營利組織）的成長與永續之道；「投資理財」是個人的安身之道；而「經濟趨勢」則是會影響這兩者的變數。綜合來看，可以涵蓋我們所關注的「個人生活」和「組織生活」這兩個面向。

這也可以說明我們命名為「經濟新潮」的緣由——因為經濟狀況變化萬千，最終還是群眾心理的反映，離不開「人」的因素；這也是我們「以人為本位」的初衷。

手機廣告裏有一句名言：「科技始終來自人性。」我們倒期待「商業始終來自人性」，並努力在往後的編輯與出版的過程中實踐。

前言

動動你的右腦，以Insight發想策略！

The BCG Way—The Art of Strategic Insight

許多人渴望學習策略理論，尤其是當今各個產業都因為面臨全球化競爭與法令解禁，渴求與眾不同的致勝策略，可說是理所當然之事。

而我，身為波士頓顧問公司（The Boston Consulting Group，以下簡稱BCG）合夥人（Partner），除了以替客戶企業制定管理策略為職，也曾深入參與傳承「制定策略的訣竅」給那些BCG後進的年輕顧問群。

由這些經驗中，我強烈感受到的一件事是，「光唸策略理論，並無法制定出『出奇制勝的策略』。」說得更詳細一點，為了研擬「致勝的策略」，除了修讀學院派的傳統理論之外，「訓練並學會某種『頭腦的運作方式』」，深切感受這是不可或缺的知識。

我並無意否定策略理論的意義。以麥可．波特（Michael E. Porter）為代表的學院派策略理論，是將企業的致勝模式，以個體經濟學的角度進行定量分析，彙整為某種模式而提出的理論。

因此，將該模式做為「既成理論」學習，既像是嬰兒學習爬行的階段，也像是圍棋或將棋的初學者，普遍先由棋譜上的定式、定跡（譯注：指圍棋或將棋裡，經由歷代棋手們在漫長歷史中累積的對戰經驗所歸納出「最佳的制式棋步」）開始學起的基礎階段一樣。然而，只學會棋譜上最佳的制式棋步，無法就這樣成為職業棋士。在職業棋士彼此對奕的棋局裡，也不可能只靠棋譜上最佳的制式棋步取勝。在管理策略這個領域，狀況可說是和對奕的棋局完全相同。

其實，絕大部分的學院派策略理論，原本便是立足於過去成功企業的致勝模式。由於它是「以後見之明的角度，將過去的成功案例模式化，以能具有舉一反三的效果」。因此，並不表示只要複製這個理論，就可以「自動導出」能在未來致勝的策略。

比方說，當有人發現某個成功的模式之後，很快的，便會有許多其他企業開始爭相模仿。結果，單純複製該策略，並無法與競爭對手產生區隔化，變成同業之間彼此模仿複製大同小異的「策略」。如此一來，又會有另一位某人想出另一種獨特的策略出奇制勝。

管理策略的特徵，就像圍棋或將棋的棋譜一樣，也是一個不斷發現、創新、模仿、陳腐，然後出現再次革新的循環；而「超越既成理論、現有框架的策略革新」，才能稱得上是策略的本質。

在職業棋士彼此對奕的棋局裡，研究過去致勝的棋譜，是任何棋手都必須做的基本功課。然而，真正能夠大幅影響最後勝負的關鍵，取決於是否具有跳脫制式棋譜進而開發新棋步、新戰法的能力。

管理的世界裡，也是一樣。在所有好手們使盡全力競爭的自由市場中，能夠勝出的人，是那些除了理解既成的策略理論，而且擁有「超越既成理論與現有框架的能力」，進而建構嶄新戰法的人，才有辦法將自己與對手形成區隔，立於競爭優勢的地位。

在BCG裡，我們把這個「超越既成理論、現有框架的能力」，稱為「insight」（洞見）。

Insight這個字，一般譯為中文是「洞察」或「洞見」的意思，但是，這與管理顧問界對於這個字的定義有些微不同。如果一定要我把「insight」直譯的話，我想，「BCG式insight」指的應是「為了制定致勝的策略所必須具備的『用腦方式』，以及以此發想的『獨特觀點』」。

大家發現了嗎？從難以將「insight」這個字直譯的這件事，我們就可以嗅出在「insight」之中，包含著一種「即使想要解釋，也很難用三言兩語說清楚、講明白」的內隱層面。

因此，到目前為止，論及策略理論的著作裡，幾乎一概隻字未提「insight」。結果，使得大部分研讀策略理論的人，學到的僅僅是策略理論的慣性思維。我想，應該有許多人在埋頭苦讀策略理論之後，卻還是無法發想讓自己滿意的「致勝策略」。結果，從此變得「再也不相信策略理論」。

本書內容的特殊之處，是我斗膽把那些難以用言語說清楚、講明白的「insight」，做為本書的核心主題。

本書的第一個目的，便是儘可能把那「想說明也很難講清楚」的部分化為文字，將它轉變為比較容易理解的形態，讓讀者理解，究竟什麼是超越既成理論、現有框架的能力——「insight」？

制定管理策略那些專家們所在的世界，與日本的「能劇」或「歌舞伎」等古典傳統表演藝術的世界，有著異曲同工之妙。有志成為傳統表演藝術世界裡的頂尖人物，修行方式始於就近觀察師父或前輩「高水準的藝」（技巧）。然後，藉由模仿他們的表演而不斷累積「體驗」，將「藝」（技巧）逐漸內化成為自己的能力。如同必須藉由靠著自己的「體驗」，逐漸提升發想策略的能力一樣。

本書的第二個目的，是儘可能讓讀者們模擬體驗「產生insight的用腦方式」。書中除了對構成「insight」的各種要素進行解說之外，還介紹頭腦運作方式的訣竅，更附上練習題，讓讀者們也能親自動腦模擬演練，獲得實際的體悟。

藉由對「insight」的理解與體悟，提高並鍛鍊各位制定策略的能力——這便是本書日文標題「鍛鍊你的策略腦」的步驟。我深深相信，只要大家以本書為起點，持續鍛鍊策略腦，那麼，你能發想到致勝策略的機率，一定能夠大幅度提升！

其實，所謂「策略」，就是相對於競爭對手，如何建立自己的競爭優勢。

我所任職的波士頓顧問公司，一九六三年由布魯斯．韓德森（Bruce Henderson）以「策略的專家」為志，創設於美國波士頓以來，到二〇〇三年已設立四十年。在日本設立辦公室也已達三十七年。創立以來，持續協助客戶公司「建立相對於競爭對手的競爭優勢」。

我們的服務涵蓋範圍，從一開始的全公司策略，漸漸擴大到R&D（研究開發）策略、生產策略、人事策略、IT策略、企業重建策略等，除了協助客戶「制定」策略之外，甚至後來也開始協助客戶將策略落實執行。但是，即便服務範圍有了這些改變，我們身為「制定策略與競爭優勢的專家集團」這個事實，仍舊沒有發生任何變化。

從某種意義來說，這本書的其中一個角度，是把我們BCG最核心的能力，首度公開在外人面前。如果說這可能導致我們BCG的存在價值因此降低，大概也不為過。

然而，我們的服務方式是由好幾位顧問與客戶共同成立專案小組，藉由彼此之間直言不諱的方式進行討論，再三建立假說與驗證假說。接著，則是為了付諸執行，而不斷激發身處於客戶端組織裡的「人」。所以，如果客戶端的小組成員能夠學會超越既成理論與現有框架的insight，那麼，身為管理顧問的顧問力也將更為提升。

而且，我們對自己很有自信。請容許我用比較自豪的說法——我們BCG在「有能力產生『insight』的顧問人數」與「培養這些人才的能力」這兩件事情上，有把握不會輸給任何人。

如果我們的競爭對手在參考了本書之後，讓他們的制定策略能力因此有了某種程度的提升，那麼以遠遠凌駕他們的速度，更加提升我們自身的能力，才真正是我們BCG的生存之道。

許多日本企業複製過去成功模式，大同小異的策略已經完全失效。現在面對激烈的競爭局勢，因應之道是「發想前所未見的嶄新策略」。

我由衷地希望伸手拿起這本書的各位讀者，能夠徹底培養「insight」，這是未來得以生存的重要能力，進而承擔強化企業競爭力的重責大任。

二〇〇三年十一月

波士頓顧問公司

御立尚資

目錄

策略思考

The BCG Way—The Art of Strategic Insight

第三章 用三種視角強化策略發想力 131

第四章 六個步驟，培養Insight

第五章 用團隊力量產生Insight 235

推薦序

活學活用策略理論

司徒達賢

本書作者御立尚資依據其在波士頓顧問公司的經驗，對策略制定方法提出了許多有實用價值又有趣的觀念、方法與案例。本書作者的基本信念和我的一貫主張極為接近——僅依循策略理論，無法設計出與眾不同且富創意的策略，因此必須不斷藉助實際問題來磨練提升策略思考力。

在此一過程中，所謂右腦的圖像思考與左腦的邏輯分析——前者產生觀念與假說，後者進行科學的驗證，二者並重才有可能達到快速、全面而精準的策略分析與決策，而策略的執行力當然也需要經過類似的過程才能提升。

這就像下圍棋一樣：棋士必須熟悉圍棋的定石（現有棋譜）以及各種攻防戰術，但是，必須經過無數的實戰和反思，才能培養出真正高段的棋士。又如：高爾夫球的基本動作必須正確，但從站姿到揮杆完成，其間動作的流暢程度必須還要經過不斷的練習與檢討，才能成為擊球高手。我們在商管學院中，大量使用個案教學操練學生策略思考的實做能力，其實也是基於同樣的思維。

圖像思考或邏輯分析，當然都還需要以策略的觀念或既有的知識為基礎。本書中簡要介紹一些重要而常被運用的策略觀念，並輔以實例來加深讀者的印象，這些策略觀念大致可以歸納於下：

1. 規模經濟：因為規模擴大而在各方面所產生的成本效益；
2. 經驗曲線：因為經驗累積所產生的效益；
3. 成本習性：產品線增減或任何重大策略行動對總成本或平均成本的影響；
4. 市場區隔：以不同方式滿足不同客層的需要；
5. 轉換成本：設法提高顧客轉換到其他品牌時，實質上或心理上的成本。

以及各種競爭優勢，包括：

1.先行者優勢：率先進入產業或推出產品；
2.先制優勢：在競爭者還來不及反應時即快速或全面地採取新的策略；
3.時基優勢：快速開發新產品，或快速交貨或提供服務；
4.組織學習：組織內部的創新與傳承。

而在強化策略發想力的方法方面，本書作者也提供幾項有用的思考角度，包括了：

1.善用市場白地：試著開發或進入過去大家從未想過的市場區隔或地區；
2.擴張價值鏈：提高垂直整合程度，例如將過去外包的業務收回來自己做；
3.縮短價值鏈：與擴張價值鏈相反；
4.用進化論思考：掌握產業及市場需求變化趨勢的規律來採取前瞻性的策略行動；
5.化身為使用者：從使用者的切身觀點來思考應從哪些方面來提高顧客的滿意度；
6.有效運用槓桿：針對關鍵因素採取行動，發揮事半功倍的效果。

這些都是極為實用，可以操作的策略思維方法。與一般教科書上所談的「願景」「藍圖」「使命」大不相同，對每天在真正思考策略的企業領導者，應該很有參考價值。

本書也提醒讀者，僅憑個人的智慧來進行策略思考，不如以企畫單位依循團隊合作的方式完成。但是，建立與維持團隊同仁的異質性，以及開放與創新組織文化，是企畫團隊能夠共同進行策略發想的先決條件。

（本文作者為國立政治大學講座教授）

推薦序

將Insight融入生活、養成習慣，你也能擁有策略腦！

楊千

有一句臺語俗諺說：「生意仔難生」，意思是指「有生意眼光的人並不多，大部分的人並不具備縱橫商場的天賦」。

不過，在日常生活中，我們的確見識到有些人很有生意頭腦。

比方說，我在二〇〇八至二〇一〇年期間，從交通大學借調至鴻海科技集團擔任董事長室永營專案顧問。因此，經常有機會與郭台銘董事長開會，親眼見識到他與眾不同的思維。

我發現，郭董事長確實是一位不折不扣的「生意仔」。而當我們眼前出現很有生意眼光的人，心中不禁會這麼想：

「為什麼他這麼厲害？」

「他怎麼想到這些？」

「他為什麼會這麼想？」

事實上，讀完《策略思考》這本書之後，以上的問題都可以獲得詳細的解答與實做的方式。

本書作者御立尚資任職的波士頓顧問公司（The Boston Consulting Group，以下簡稱ＢＣＧ），在策略顧問領域具有很高的聲譽。作者運用四個簡單的公式，說明ＢＣＧ平常建構策略的核心概念與手法。

因此，本書的出現可說是一大福音，因為它將ＢＣＧ擬訂策略過程裡共通的特質，以具體的文字、實際的做法分享給讀者。

我認為，本書已經將ＢＣＧ的實做概念說清楚、講明白。透過本書的說明，讓我們了解ＢＣＧ內部重視的insight思維，可以歸納在四個重要公式裡：

公式１　獨特的策略＝既成理論架構＋insight

公式2 insight＝速度＋視角

公式3 速度＝（模式辨認＋圖表思考）×假想檢驗

公式4 視角＝「廣角」視角＋「顯微」視角＋「變形」視角

公式1說明獨特的策略來自既成理論與現有架構，還有優秀的insight。事實上，整本書裡並沒有否定既存的各種策略理論，它所強調的是「看事情的方法」，也就是分析事物的insight。俗話說：「外行人看熱鬧，內行人看門道」，insight就是所謂的「門道」，也就是問題的核心與關鍵所在。

公式2說明insight源自速度加上視角，**公式3**與**公式4**分別直接講到本書的核心內容——培養速度與視角的具體步驟。這兩個公式又分別利用簡單參數，而且列舉簡單例子詳細說明。

本書中提出的例子也很淺顯易懂，例如「大盤炒麵如何定價？」「小鎮裡如何經營一家麵包店？」「左腦與右腦如何快速交替運用」……等，都是閱讀之後就能夠立刻在心中留下具體印象的概念。

套句郭台銘董事長的名言：「做比說重要，習比學有效。」雖然，很少人天生就懂得搶生意、想策略，但是，只要透過努力不懈的練習，將insight融入生活、養成習慣，就能收到立竿見影的效果，你也能擁有精準的生意眼光與出奇制勝的策略腦！

（本文作者為國立交通大學經營管理研究所教授，曾借調至鴻海科技集團擔任董事長室永營專案顧問）

推薦序

感受到不足、體會到不滿，就是商機所在！

何飛鵬

每個人在生活中都會感到不足、不便，每個人也都會看到社會上的不公不義，大多數人選擇忍受，但少數人決定挺身而出改變它，這是社會進步的動力——因為不滿、因為憤怒，拔劍而起，決心登斯民於衽席。

在商場上，感受到消費者的不滿、不便、困難，也是創業者最大的機會。可以說，商機就藏在不滿中，而創業就從憤怒開始！

親身感受到消費者的不滿與憤怒，其實是最基本的insight（譯為洞見或洞察力，本書保留英文原文）。而《策略思考》這本書，一步步拆解難以形諸文字的insight，提醒讀者如何在既有的策略理論框架之外，再加上insight，發想出奇制勝的策略，進而持續取得競爭優勢，立於常勝之地。

一九九四年，我開始嘗試學習使用電腦，電腦雜誌是自學者的重要工具，可是買了電腦雜誌之後，我發覺看不懂，當然也學不會，而這樣的學習過程更是痛苦不堪。

受到這樣的教訓，我決定辦一本大眾看得懂、學得會的電腦入門學習雜誌，這本雜誌就是《PC HOME》月刊，當時創刊時喊出的「無痛苦學習」口號，幾乎成為學習類商品的經典文案。

同樣的劇情，我第一次買了房子，在新房裝修的過程中，我買了本土的雜誌參考，但十分不滿意，只好再買英文的雜誌、圖書參考，我發現感覺好多了。裝修完新房之後，我決定辦一本裝潢家居的刊物——這就是臺灣現在十分受歡迎的《漂亮家居》月刊。

創業的初始動機一定是賺錢，以改善自我財務能力，但是，消費者為什麼要接受你的商品呢？因為你解決了他的困難。所以說，「尋找未被滿足的缺口」是創業的根源。

我認為，感受到消費者的不滿與憤怒，其實是最基本的insight。也因為不滿與憤怒，成為支持我創辦許多雜誌的力量。但是，我一直無法以簡潔有力、清晰完整的一句話呈現這個觀念。

一直到二〇〇七年，我出版了日本知名設計大師村上隆的《藝術創業論》（中譯本由商周出版），在臺北小巨蛋的演講中，村上隆說出了「創作從憤怒開始」的理論，那一瞬間，創作連上創業——藝術家的創作來自不滿、來自憤怒；企業家、生意人的創業也一樣來自不滿、來自憤怒、來自決定以己身之力改變社會的決心。

當「創業從憤怒開始」的觀念靈光乍現之後，我開始仔細的檢視一生的創業歷程，發覺憤怒幾乎無所不在，一直在內心深處觸動我的改變動機。我看到大眾有困難、有需求，卻沒有被滿足時，那是機會、那是市場、那是生意人千載難逢的良機！

我的創業經驗與《策略思考》這本書裡的觀點有些類似，本書作者御立尚資是波士頓顧問公司（The Boston Consulting Group，以下簡稱BCG）資深合夥人、董事總經理兼日本代表，他主張「insight，是策略的靈魂」。也就是說，想要制定獨一無二的致勝策略，必須在現有策略理論的框架再加入insight，才能構思出奇制勝、搶地插旗的贏家策略。

御立尚資將構想策略的各種要素進行因式分解（詳見**附圖**），將「insight兩大要素」定義為速度（speed）與視角（lens）。

附圖：出奇制勝的獨特策略

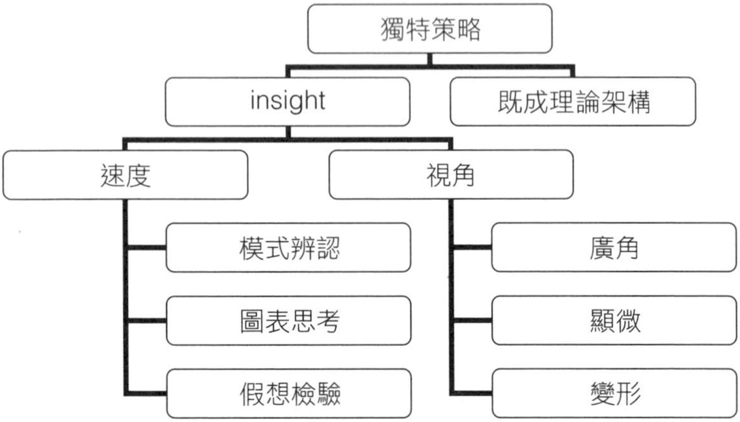

（依本書內容整理而成）

他進一步分解「速度的三要素」，包括模式辨認（pattern recognition）、圖表思考與假想檢驗；也分解「視角的三要素」，包括廣角、顯微、變形——加起來這六個要素，就是構成insight的基礎。

在「深入聚焦的顯微視角」的章節裡，作者建議不論是創業者、行銷人員或產品研發者，都應該進一步化身為使用者，徹底傾聽消費者的心聲。並且以日本瑞可利（RECRUIT）出版集團的倉田學為例，深入說明「了解人們沒有被滿足的地方，才是行銷的終極目標」。

被稱為「雜誌創刊推手」的倉田學，總是把「不」開頭、帶有負面情緒的詞彙，當成了解消費者的關鍵字，持續以「不愉快」「不相信」「不方便」當成談話頭，反覆傾聽顧客的心聲，進而掌握應該對「什麼人？」提供「什麼樣的商品？」。

有趣的是，我和倉田學的經驗不謀而合——到目前為止，我曾經親手創辦的出版團隊超過二十家、直接與間接創刊的雜誌超過四十種，都是從感受到讀者的不滿、不便、困難，當成創業或創刊的起點。

我認為，商機從不滿開始，創業從憤怒開始。至於如何將不滿與憤怒化為商機？其實，你需要的是insight——這本書是御立尚資歸納他在BCG擔任管理顧問近二十年經驗，親自傳授如何看市場、挖商機的insight。並且以因式分解的方式，一步步拆解培養insight的know-how。有助於培養我們的生意眼光、創業嗅覺與策略頭腦，進而能在競爭激烈的市場中搶地插旗、出奇制勝！

（本文作者為城邦媒體集團首席執行長、暢銷書《自慢》作者）

推薦序

構思差異化的策略，永保競爭優勢！

郭曉濤

幾個月前，我和臺灣一家大企業的執行長談話時，他提到眼前所面臨的關鍵挑戰，在於經營團隊無法發想持續的差異化策略，以帶領公司成長並邁入下一個階段。他擔心，整個團隊過度仰賴傳統的刻板思維，根本沒有能力因應日趨複雜的市場，更別說有實力與競爭者奮力一搏。

「如果這個組織再不換個新的思考方式，將來可能失去競爭優勢」，這位執行長為此傷神不已。

事實上，並不只有這位執行長為這個問題而苦惱；而且不只臺灣，甚至世界各國的許多企業在面對逐漸複雜的劇烈競爭時，也遇到相同的問題。

究竟要怎麼做，才能發展出持續的差異化策略，永保企業的競爭優勢？

從我擔任許多頂尖企業的顧問經驗中，發現一件事情，那就是如果想要解決上述的問題，有兩個關鍵尤其重要。

一是經營團隊是否具有洞察力？並且能將洞見（insight，以下保留英文原文）轉化為獨特策略，以掌握市場、消費者與競爭局勢？

二是經營團隊是否具有在組織中，將這些獨特策略加以制度化，並且落實的能力？

在ＢＣＧ，我們深信每一家公司都是獨一無二，因此，也必須制定與眾不同的獨特策略，才能從激戰中勝出。

ＢＣＧ自從一九六三年創立以來，扎實的insight成為協助客戶達到策略差異化，以及形成競爭優勢的必備條件；這是我們持續前進的目標，也是傳承ＢＣＧ的珍貴資產與獨家本領的責任——藉著不斷發展新構想與新模型，在策略這個領域引領思潮走向。因此，我們投入許多時間與精力訓練新進顧問，不論他們的背景或專業為何，都能在很短的時間內，從客戶提供的爆量資訊中產生真正的insight。當一位顧問具有這種能力之後，再藉由團隊合作的方式，將他們的獨特見解融入專案裡。因此，我們ＢＣＧ總是能因應不同客戶所面臨的情況，為他們構思客製化且獨特的致勝策略。

一家公司一旦制定了企業策略，就必須不斷去檢視與精煉，以確保該策略能彈性因應持續變化的市場，這也是組織的insight發揮作用的關鍵時刻。因此，對於一個組織而言，非常重要的事情是透過每天實做的過程，培養成員發展insight的能力，並將其制度化，進而在組織中落實，而且將insight轉化為策略。

本書作者御立尚資是BCG資深合夥人兼日本分公司代表，他在書中詳述產生獨特insight的BCG之道，以及發想差異化策略的步驟。更重要的是，他以淺顯易懂的用語，詳實寫下BCG內部訓練新進顧問時，如何透過案例、途徑、方法、過程與工具，培養他們的策略發想力。作者將複雜的思考，以淺顯的詞句說清楚、講明白，因此，本書的內容非常易懂易學。

毫無疑問，本書對於個人、組織與企業具有極大的價值，尤其是對於那些想要發展組織裡策略發想力的管理者來說，本書是很好的參考——藉由學習BCG式策略發想的技術，培養組織成員們個人的insight，並且透過團隊合作，將insight轉化為策略，進而將策略加以制度化，落實在工作與組織裡。

我非常高興見到本書在臺灣出版繁體中文版，相信對於策略思考有興趣的讀者們，看過本書之後必能有所收穫。像是本文前面提到那位企業執行長的友人，以及其他許多資深企業領導者，他們總是鎮日苦思：「如何建構更強而有力的團隊與組織能力，以發展持續的差異化策略，以在日趨激烈的市場競爭中勝出？」。我相信，這本書必定能幫助他們找到這個問題的答案，以及實際執行的方法！

（本文作者為前波士頓顧問公司董事總經理兼合夥人）

導讀

有Insight的策略，才有真正的競爭優勢

徐瑞廷

記得第一次接觸這本書時，是我加入波士頓顧問公司（The Boston Consulting Group，以下簡稱BCG）之前，當時一口氣讀完的感想是——這本書很特別，既不是一般介紹策略理論的書，也和市面上充斥的問題解決相關書籍很不一樣。讓我印象最深的是貫穿全書的「insight」一字。作者御立尚資先生認為，成功的策略背後都有「insight」支持，富有「insight」的策略，才能為公司或組織帶來有效的競爭優勢。

「insight」這個字在中文字典裡翻譯成「洞察」或「洞見」，老實說，並不能貼切表達我們真正所指的意思。在BCG內部，我們都是直接叫「insight」，用一句話說，「insight就是以某種思考模式所推演出來的獨一無二（unique）的觀點」。我們深信，一個好的策略，是來自於深入洞察「外在環境」與「公司內部」，而這種洞察，每家企

業都應有不同的答案。本書主要的目的，就是和各位讀者分享ＢＣＧ顧問們如何找出insight。

進入ＢＣＧ之後，參與大大小小的策略專案，也有幸和作者御立先生共事約兩年。這段期間和他一起協助世界級的跨國企業客戶擬定中長期策略與轉型計畫，有機會觀察到御立先生如何活用書中所提到的「速度（speed）」和「視角（lens）」等思考原則導出insight，進而發想富有insight的獨特策略。

簡單來說，「速度」就是運用假說思考快速找到問題核心並提出解決方式。這裡牽涉到「模式（pattern）」與「圖表思考」的概念——運用過去累積的經驗歸納成為「模式」，快速對目前企業所面臨的問題與解決方案提出一個看法，也就是所謂「假說」（hypothesis）。然後利用各種分析或討論不斷修正這個看法。在這個過程中，要不斷藉由圖表化的方式表達自己的看法，並提供其他專案小組成員做為討論之用。

舉例來說，我們曾經幫助過一家高科技公司客戶建立一個新的事業。當時我們所採用的「模式」，就是參考澳洲航空（Qantas）於二〇〇三年成立低價航空公司捷星航空（Jetstar）的案例。

當時，幾乎所有航空公司都受到像西南航空（Southwest）這類低價航空的衝擊，紛紛成立旗下的低價航空應對，可是都失敗了，捷星是第一家由現有傳統航空公司創設的低價航空且能成功的案例。其背後的成功祕訣，在於澳航徹底將兩家公司分開，只提供捷星少數高階管理人才與資金援助。兩家公司區隔之徹底，可以從兩件事情看出來。一是澳航刻意將總部設在雪梨，但是把捷星的總部設在墨爾本；二是捷星大部分人才從外部延攬，而非從澳航內部調派。正因如此，捷星才有辦法徹底脫離傳統航空的思維，以全新的方式經營嶄新的低價航空事業。

我們當時協助的高科技公司客戶也面臨與航空業類似的問題——從前，該公司的產品價值絕大部分來自於製造與設計硬體，軟體與服務的比重相當低。但是，隨著科技變化，價值鏈的主導權漸漸從硬體轉移到軟體與服務。該公司也體會到轉型的重要性，因而成立專門負責軟體與服務的部門，然而一直無法有很好的進展。原因就出在這兩個事業群沒有徹底分開，仍然由習於硬體主導一切的員工負責新的軟體服務部門，導致很多思維無法扭轉過來。比方說，在硬體主導高科技公司的時代，只要一年發表一次新產品就行了；但是，在軟體與服務主導的時代，一年發表好幾次新產品卻是司空見慣的事情。

因此，想要幫這家高科技企業客戶解決問題的關鍵，就在適當利用「模式辨認」（pattern recognition）的方式，快速找出可能的問題所在。所以，BCG顧問在剛進公司時，都會被要求大量接觸許多公司的案例，進而累積所謂的「模式」，因為這是提供客戶附加價值的重要基礎。本書中也將BCG常用的幾個模式，整理在**圖表2-1**提供各位參考。

至於圖表化，是把一個複雜觀念簡單化的過程。尤其是在擬定策略過程中，有許多重要的觀念與分析結果，需要與經營團隊不斷溝通與磨合。簡單有力的圖表可以讓討論更為順利，並且，讓經營團隊的想法更能充分表現。因此，在BCG內部，即使不是管理顧問，也被要求盡量讓所有文件與觀念圖表化。

除了「速度」，另外一個構成insight的要素是「視角」，也就是嘗試用不同角度來看問題。這個概念對於建立獨一無二的觀點極為重要，因為有許多成功的策略，其實只是把思考的角度換個視角。本書提到的三種視角——廣角、顯微與變形，都是BCG顧問常用的思考工具。

舉例來說，有一個家電製造商，這幾年受到競爭對手低價競爭策略的影響，平均價格每年下滑10%以上，收益狀況每況愈下。公司唯一的應變之道就是節省成本，包括人員縮編、集中採購、改善產品設計、增加在地生產比例……等，能用的招數都已經用盡了，卻還是跟不上競爭對手低價競爭造成價格不斷下滑的速度。

後來，我們協助這家公司用「廣角」的視角，重新檢視這個問題，發現一個驚人的事實，那就是在家電產品業界裡，其實，通路商賺的錢（營業淨利總和）和家電製造商幾乎一樣多。這個發現讓該製造商大吃一驚，因為他們並沒有給通路那麼高的利潤。後來，發現通路商的利潤來源並不是銷售產品本身，而是來自於延長保固、到府安裝與融資貸款等服務。以價值鏈（value chain）的角度重新檢視問題，也讓該公司體會到一件事情，那就是不一定要把自己定位為產品製造商，可以考慮價值鏈下游的通路或服務延伸發展。

至於如何以「顯微」的視角思考，在消費品業界裡我們最常用的手法之一，就是書中提到的「徹底化身為使用者」。由於光靠想像，和現實可能還是有一段差距，我們常用的方式就是跟著目標客戶族群一起去買東西、到他們家中觀察他們的生活習慣，或是將他們使用產品的樣子錄影下來，再配合一對一或一對多的深度訪談，了解他們對生活型態、消費行為與現有產品的不滿，從中得到新的想法。

第三個視角是利用「變形」視角思考，這是最有意思的事情，尤其是找尋所謂「異質點（outlier）」是我們很喜歡用的方式。BCG在一九八〇年代發表以時間為基礎的時基競爭（time-based competition）這個觀念，這是BCG資深顧問喬治・史塔克（George Stalk）以尋找異質點的方式發現的思考方式。當時的主流思想是規模愈大，代表愈有成本競爭力、獲利能力也愈高。然而，史塔克發現有些日本公司規模雖小，但是獲利率極高。為了研究箇中原因，史塔克自願請調到BCG東京辦公室，深入觀察這些企業究竟做了什麼事情而致勝。他發現，原來產品上市時間（time to market）很短，是這家公司的競爭優勢來源，不但可以降低流動資本的需求，還可以因為縮短滿足客戶需求的時間，不斷推陳出新而刺激銷量。一般統計上的分析，都會傾向把平均值以外的異質點剔除，但是，這些別人眼裡的「異數」「異類」，卻很有可能是insight的重要來源。

最後，御立先生也提到了專案小組成員多樣化（diversity）的重要性，希望可以給台灣許多以工程師主導專案的高科技公司參考。以我為例，在BCG服務企業客戶的過程中，曾與各式各樣背景出身的顧問群共事，他們的出身背景包括律師、醫生、公務員、銀行家、科學家、廣告設計、唱片公司製作，當然也包括出身於工程師的顧問在內，發現每個人因為出身背景不同而各有所長。許多出奇制勝的策略，常常是這些不同背景的顧問們腦力激盪的成果。

本書中，御立尚資先生將BCG顧問群的思考精華，以系統化的方式彙整與呈現，希望各位讀者在日常生活與工作中，能有機會活用管理顧問們這些思考工具！

（本文作者為波士頓顧問公司董事總經理兼合夥人）

第一章

Insight，是策略的靈魂

The BCG Way—The Art of Strategic Insight

1 獨一無二，是致勝策略的關鍵

火星探測器的獨特登陸方式

一九九七年七月四日美國獨立紀念日當天，火星探測器「拓荒者號」（Mars Pathfinder）成功地在火星地表登陸。拓荒者號是在一九九六年十二月四日由美國國家航空暨太空總署（National Aeronautics and Space Administration，以下簡稱NASA）發射升空，而它最為人所津津樂道的是登陸火星的獨特方式（詳見**圖表1-1**）。

拓荒者號在進入火星大氣層後，首先打開降落傘開始減速，並以雷達測量與火星地面的距離。接下來，大型氣囊在整台登陸艇外面充氣打開並且包覆登陸艇，使它整個看

圖表1-1 拓荒者號登陸示意圖

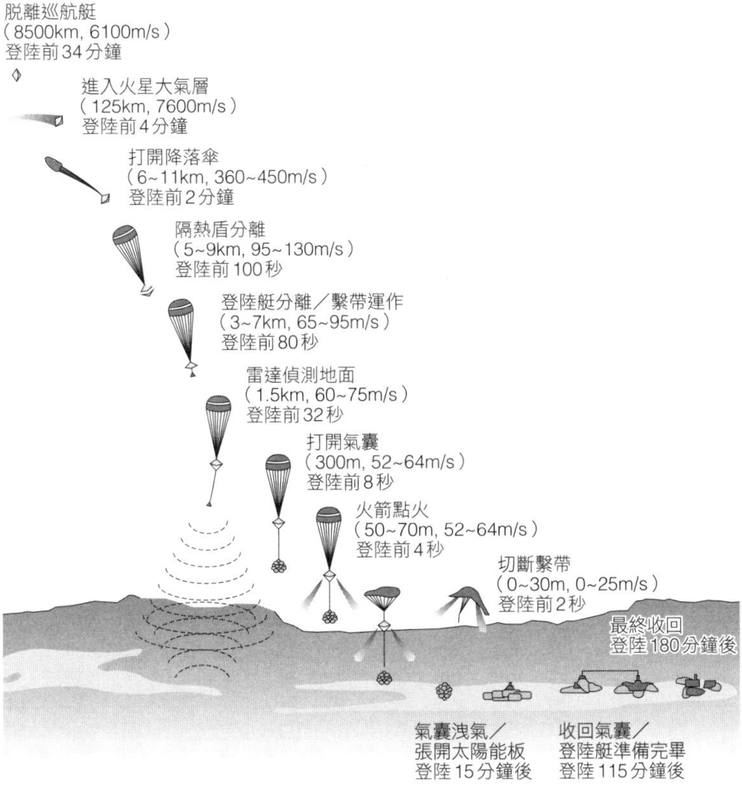

出處：http://mars.jpl.nasa.gov

起來像是一顆橡膠球一般。最後，彷彿一顆橡膠球的拓荒者號啟動火箭噴射，以五十六公里的時速「直接降落」在火星地表上。

與更早登陸火星的火星探測器維京一號（Viking 1）與維京二號（Viking 2）相較之下，就能明顯看得出來拓荒者號的登陸方式多麼獨特。

維京一號（於一九七五年八月二十日發射升空）與維京二號（於一九七五年九月九日發射升空），都是非常精巧的無人探測器。當進入火星的衛星軌道，確認狀況無異常之後，便會自行進入火星那薄薄的大氣層。此時電腦會進行一連串非常精密的調整，開始噴射逆向火箭，逐漸進入降落程序。最後，以時速八公里的速度「緩慢降落」在火星表面上。

拓荒者號採取硬著陸（hard landing）方式降落火星，完全不同於維京一號、二號採取軟著陸（soft landing）降落，原因是受到美國的財政赤字影響，美國國會對NASA火星探測計畫的預算面露難色。

然而，無論如何NASA都希望完成火星探測，最後決定以一千五百萬美元的預算完成任務。這個數字竟然花不到以往每次火星探測任務五千萬美元預算的三分之一。而且，預算不但少得可憐，美國國會所給的條件也相當嚴苛——必須在三年內以無人探測器自火星地表採集砂石進行分析，並將資料傳回地球。否則就中止火星探測的預算。

NASA技術團隊面對這個狀況，想到一個前所未有的獨特降落方式解決期限短、預算少的問題。首先，NASA判斷在這樣的成本限制之下，不可能辦得到讓探測器以時速八公里的速度著陸。但是，如果降落速度太快，無人探測器在著陸時會因為和火星地表產生的激烈碰撞而損壞，根本無法進行後續的調查。

後來，NASA想出來安全降落的方法令人拍案叫絕——運用現在汽車上都有安裝的安全氣囊。

首先，技術團隊計算得出如果以四個氣囊包覆總重量十一．五公斤重的無人探測器，就能以時速五十六公里的速度安全降落。

接下來，思考如何將時速減到五十六公里——並不使用維京一號、二號採用的那種昂貴的液態燃料火箭，而運用廉價的固態燃料火箭當成逆向推進器，發揮一部分的煞車功能。

但是，光靠這樣還是無法將速度減到期望速度，所以又想到不如幫無人探測器裝上降落傘。

結果，NASA技術團隊把降落傘、安全氣囊、固態燃料火箭這幾種現成的物件組合在一起，創造出成本低廉卻能順利安全降落火星的方法。

實際登陸時，拓荒者號在進入火星大氣層一百六十三秒後打開降落傘，二百七十四秒後打開氣囊，二百七十八秒後固態燃料火箭點火，二百八十秒後火箭與登陸艇分離，二百八十二秒後以時速五十六公里的速度成功降落火星。使用的成本，竟然不到以往的三分之一。

NASA團隊究竟做了什麼事，讓拓荒者號成功登陸火星？那就是為了達成乍看之下似乎是不可能的任務而設計出一套「獨一無二的策略」。

織田信長獲勝，是因為「不受現有框架所限」

接下來，讓我們來看看比較接近企業競爭的例子——「軍事戰略」。

日本戰國武將織田信長的故事，是歷史劇的經典戲碼，非常受到大家的歡迎。而劇情核心所描寫的內容通常是織田信長的「戰術」。

比方說，織田信長在長篠之戰中擊敗了武田勝賴。據聞織田信長在這場戰役中為了迎擊勝賴的父親武田信玄所建立的無敵騎馬隊，想出了「三段式猛攻陣法」，也就是將我方士兵排成三橫列，第一列向敵方開槍之後馬上往後繞到最後一列，此時原本排在第二列、現為第一列的士兵同時開槍，之後馬上繞到最後一列，再由原本第三列、現為第一列的士兵開槍，以此猛攻方式展開火槍連續攻擊。

在當時，剛被實際運用的「火繩槍」有個缺點，就是它在火繩還沒點火之前無法擊發，需要時間準備下一次攻擊。如果在第一槍和第二槍中間的空檔，被以猛烈速度衝殺過來的武田騎馬隊突破防衛線的話，就再也擋不住敵軍。然而，織田信長卻以「三段式猛攻陣法」成功克服火繩槍既有的缺點，戰勝了武田軍。

另一場石山本願寺之戰的對手，則是毛利水軍。毛利水軍是一群彷彿海盜般的集團，戰鬥力超強。不擅長水戰的織田軍跟他們交手過好幾次，每次都吃敗仗。毛利水軍即使兵糧被織田信長所斷，實力仍然遙遙領先織田軍；反倒是織田軍不斷因毛利水軍的「焙烙火矢」（在銅製的球體內塞進火藥，以布包起來後塗上漆，點火後朝敵人投擲使其爆炸的一種土製手榴彈）攻擊，而陷入一片火海。

然而，織田信長是個非常善於構思獨特戰法的人。他心想，「既然會被焙烙火矢攻擊，只要讓自己不怕火燒就好。」於是，打造「鐵甲船」戰勝毛利水軍。對織田信長來說，所謂「致勝的戰術」，就是「出奇不意的獨特戰法」。

既成的策略理論，不等於必勝法則

不論是NASA團隊或是織田信長的獨特構想，究竟如何發想與推導？很明顯的，肯定不是出自於某種既成理論或現有的策略模式。

當然，開始思考策略的第一步，與圍棋的定式或將棋的定跡一樣，都是參考過去的成功案例或既定模式歸納而成的結果。比方說，以現有的軍事戰略模式來說，每個軍事戰略專家都曾經研讀《孫子兵法》，或卡爾．馮．克勞塞維茨（Carl Phillip Gottlieb von Clausewitz）的《戰爭論》（*Vom Kriege*）。長久以來，《孫子兵法》就在中國及位於其文化影響圈範圍內的日本，被許多人奉為經典；而克勞塞維茨雖身為普魯士軍人，但其《戰爭論》，則為西洋軍事參謀者的必讀文獻。

然而，各位讀者心中不曾有這樣的疑問嗎？

「如果兩個同樣都學過《孫子兵法》的軍師對戰的話，到底哪邊會贏？」

「萬一兩個都研究過《戰爭論》的將軍開打的話，到底誰能得勝？」

彼此學的是同一套戰略論，以同樣的邏輯打仗，彼此都知道對方的盤算是什麼……，如此一來，並不容易要分出勝負。但是，即使不容易分出勝負，到最後也還是會有一方勝利、有一方敗北。

也就是說，即使學會了現有的軍事戰略模式，也不保證一定能在戰場上獲得勝利。反倒是太過依賴既成理論的人，常會因為無法見機行事、臨機應變而敗北。

以往，日軍的軍事參謀都被徹底灌輸在甲午戰爭、日俄戰爭裡，日軍的獲勝模式（也就是既成理論框架）。這些熟讀現有理論的精英份子，在太平洋戰爭裡把這些理論轉移至實戰使用，雖然在依慣性思維發展的戰局前半部裡的確能夠取勝，一旦戰局開始脫離現有模式，就不斷吃敗仗。

再以織田信長為例，織田信長所用的那些前所未有的新戰法，正因為不屬於任何現成框架或既有理論，所以完全讓對手摸不著頭緒，根本無法預測下一步攻擊模式，而能在對手還在驚慌失措時打敗敵方奪取勝利。

那麼，把這應用在企業活動上時又會如何？競爭對手和己方一樣，研讀由相同學者或成功人士策略理論教科書的人們，要是彼此分別擬定策略，是否會出現同樣的答案？當然，現實世界裡這樣的事情並不會發生。在企業策略裡，也需要一種能夠超越既成框架的「某種東西」。

模仿他人、複製得來的策略，根本不叫策略

首先，讓我們先來對策略下個定義。所謂的策略，就是「理想中期望的樣貌」減去「現況」，然後針對如何消除落差發想具體的解決方法。說白一點，「理想中的樣貌」就是「希望能像那個樣子」，「現況」就是「現在這個樣子」，兩者相較之下，會發現其中存在許多落差。而策略，就是消除這些落差的手法。落差的大小，依每個人或每家企業而不同。所以，為了朝向理想中的樣貌更接近一步的策略，原本就是因人、因企業而

異。為了能更有效率邁向自己或企業理想中的樣貌前進，就必須發想、擬定和其他人或其他企業不盡相同的獨特策略。

因此，一味複製既有策略理論，或是模仿其他成功模式，結果大家都擬定相同的策略，根本稱不上是策略。

如果從更廣的角度定義策略，其實策略就是「打架的方法」。當然，「打架」指的並不是拳腳相向，而是如何在企業之間的競爭獲勝。只不過，近來的企業間競爭已經變得遠比以前更為複雜。

比方說，日本電信電話公司（以下簡稱NTT）是日本最大的電信服務公司，過去曾因政府出資成立而獨占日本全國固定式電信業務。但是，隨著民營化與手機盛行之後，不得不與KDDI與能源業者東京電力的子公司，甚至是提供IP電話服務的雅虎（Yahoo!）等企業競爭。也就是說，NTT必須與過去和自己身處不同業種，商業模式也大相逕庭的競爭者，站上同一個擂臺對打。

如果用比喻的方式說明，彷彿是在戰場上面對著織田火繩槍隊的武田騎馬隊一樣——對方挑戰自己的方式，可說是至今前所未見的戰法！

比方說，日本K-1或是PRIDE格鬥錦標賽（Pride Fighting Championships）以「跨界格鬥技」為訴求，讓空手道、柔道、摔角的武術家們，讓選手們站在同一個擂臺上進行綜合武術比賽，這是以往楚河漢界、壁壘分明的競賽不曾出現的比賽方式。〔編按：K-1的「K」代表空手道（Karate）、功夫（Kungfu）、踢拳（Kickboxing）與拳法（Kenpo）等站立式武術，「1」即代表著第一的意思。PRIDE從一九九七年十月營運至二〇〇七年十月期間，被稱為「世界上水準最高、最受歡迎的職業綜合格鬥團體」。二〇〇八年二月，解散之後的PRIDE與K-1所屬的公司FEG設立新的綜合格鬥技聯盟DREAM格鬥賽〕。

企業間的競爭何嘗不是如此？現在的企業競爭，已經逐漸轉變為如同「跨界格鬥技」一般的異業競爭，原本不屬於這個業種的企業，爭先恐後加入新的業種，甚至是到別人的地盤上搶地插旗當老大。

當然，企業間的競爭存在著必須遵守的基本規範，例如資本主義裡必須遵守的企業倫理或法令限制。但是，如何在受限的環境裡，建立有利於自己取得競爭優勢的遊戲新規則？並且能在既定規則下競爭？這成為企業間展開跨界競爭的重要因素。企業身處於必須和陌生的敵方交戰的時局，如何發想嶄新且獨特的策略？就顯得更為必要。

策略既是消除「理想中期望的樣貌」減去「現況」的落差，策略也是「打架的方法」，因此，「創造出獨一無二（unique）的策略，是致勝的關鍵」這件事情，就會變得非常容易理解。經濟學裡也認為，「想要獲得超額盈餘，就要讓自家企業處於市場裡『不完全競爭』的狀態。也就是說，自家企業必須取得一個和競爭對手完全不同的獨特地位。」

那麼，超越既存策略理論和現有框架的「獨特性」，究竟從何而來？

2 創造出超越現有理論的策略發想技巧——Insight

有Insight，才能發想獨一無二的策略

我想，修習策略理論的人，多少都曾有一種「寫在書中的策略理論，不都是放馬後砲？」的懷疑。既然策略理論是學者針對在競爭中得勝的企業，於事後進行研究所建立出來的學問，會讓人有這種感覺也是理所當然的事情。

學問，當然必須有研究的對象。如果用靈光乍現的的直覺架構而成的策略理論，那麼，跟本不能稱之為「實證研究」，只不過是毫無根據的天馬行空而已。學者將成功的企業與失敗的企業彼此間的對戰交手的方式加以模式化，建立經濟學的架構，成為一種

圖表1-2 巨大的差距

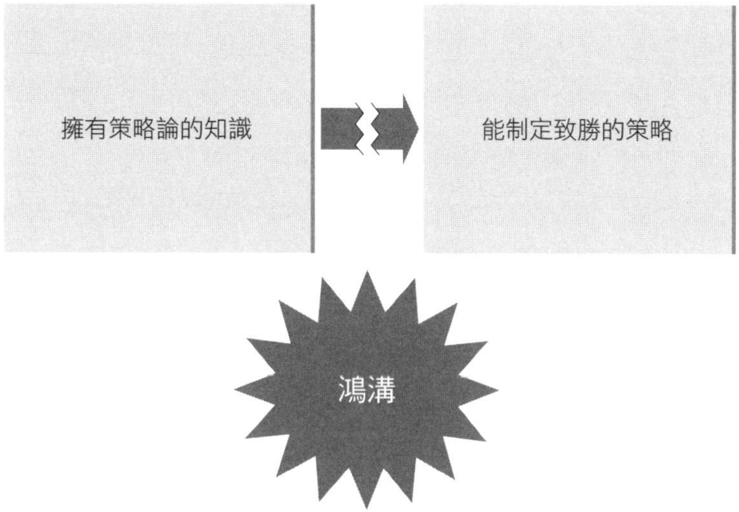

理論藉此解讀這些情況。由於這個過程是「管理學」這門學問的基礎，所以，策略理論成為放馬後砲一般的事後諸葛也是必然之事。

因此，策略理論的教科書裡沒有新觀點，只能針對已經被模式化的策略理論進行說明。這就是為什麼不管我們再怎麼用心研讀策略理論，還是無法發想、擬定獨一無二的獨特策略的原因所在。

研讀並修習策略理論，當然是一件非常重要的事情。但是，光憑這些事後諸葛歸納得來的知識，並沒有辦法讓人發想與擬定獨特的致勝策略。擁有策略理論的知識，與能制定出致勝的策略之間，其實存在著巨大的鴻溝（詳見**圖表1-2**）。

有辦法縮短這個差距的方法，是掌握策略理論這套既成理論之後，還要擁有能夠創造全新戰法的「超越既成理論與現有框架的能力」。只有勤於磨練insight，徹底學會這種能力的人，才有辦法將自己與競爭對手形成區隔，立足於競爭優勢的位置。

在BCG裡，我們把縮短差距的「超越既成理論與現有框架的能力」，稱之為「insight」。

所謂的「insight」，指的是「為擬出致勝的策略所必須的『頭腦的運作方式』；以及運用該種頭腦的運作方式，所推演出來的『獨一無二的觀點』」。也就是如**公式1**所示，要產生出「獨特的策略」，需要有策略理論這個「既成理論」，再加上「insight」。

公式1　獨特的策略＝既成理論架構＋insight

要把insight用言語的方式傳授，非常困難；而它也不是那種隨便辦一場教育訓練就能教給別人的知識或技巧。因此，幾乎至今以管理策略為主題的書籍仍然隻字未提

insight的相關內容。結果，造成大部分修習策略理論的人，只學了既成理論，就無法再更上一層樓。因此，本書裡將大膽挑戰對難以說明的insight進行解說，還會更進一步論及「如何成功培養insight」的方法。

組成Insight的要素是「速度」與「視角」

insight究竟是由什麼樣的要素所構成？若我們將insight拆解，所得到的組成要素可用以下公式表達：

公式2　insight＝速度＋視角

如**公式1**所示，只要在「既成理論架構」上再加上「insight」，就能擬出獨特的策略。換句話說，藉由insight，能讓既成理論進化為獨特的策略。

而**公式2**中的「速度」，指的無非是讓這個進化過程更能加速一事。將思考速度提升到最高境界，對既成理論架構進行加工、應用，不斷建立新的假說。接著，更要暫時脫離建立假說的立場，對假說本身的有效性進行嚴格的檢視。而若能將這個過程以快於競爭對手數倍、甚至數十倍的速度進行，便能以對方甚至不曾想過的策略應戰。換句話話，我們可以將它稱為致勝關鍵在於「思考速度差距的區隔化」──思考速度愈快，贏面愈大，甚至發想的策略讓對方措手不及，以迅雷不及掩耳的方式到別人的地盤插旗稱王。

如何培養能與insight相連結的「速度」之方法，將在第二章仔細為各位說明。

另一方面，所謂的「視角」，則既是為了建立更獨特假說的「看事情的方法」，也是一種思考的工具。若是能在加工與應用既成理論的某個過程裡，讓自己進行非連續性跳躍思考的話，策略的獨特性就會更上一層樓。

在BCG內部，為了刻意讓跳脫思考慣性的限制，會一直強調「要用和平常不同的視角進行觀察」。因此，如果想讓發想靈感的來源變得更為寬廣時，應該使用魚眼鏡頭一般的「廣角」視角；如果想聚焦於某個特定點進行深掘時，應該使用顯微鏡頭一般的「微觀」視角；然後，如果想要展望遠處時，應該使用長鏡頭一般的「望遠」視角。

在第三章裡，將會為各位詳細解說各式各樣的視角，以及其具體使用方法的實例。

培養 Insight，靠的是親身的體悟

即使起點同樣是眾所皆知的現成理論，只要能提高加速假說（hypothesis）進化的「速度」（speed），並學會運用讓假說變得更獨特的「視角」（lens），就能創造出獨一無二的致勝策略。所以，基於這個原因，我們可以將 insight 拆解為「速度」與「視角」這兩個要素。

那麼，究竟要如何著手才能培養 insight？進而具備善於發想致勝策略的思考？這就是鍛鍊「策略腦」的過程。

比方說，想學會某種運動時，當然有必要了解其基本規則與動作等的相關知識。但是，想要真正學會，最後還是得靠親自實際去嘗試，領會「操作身體的方法」。除此之外，別無他途。

想培養 insight，也如同學會某種運動一樣，習得策略理論的知識後，只能靠著不斷

實踐，才有可能將insight內化為自己的一部分。

然而，心領神會的方式因人而異，只是不斷埋頭苦練，並不見得會有最好的效果。以BCG為例，前輩們將培養insight的方法傳授給後進時，經常以「跳箱」為例，把「跑到第幾秒？在第幾步時蹬腳起跳？雙手要支撐在跳箱上哪個位置？又該在哪裡施力？」……等道理，一股腦兒全教給別人，對方也無法因此就學會如何跳箱。

就像是善於指導的教練，對於不知道怎麼在起跳之後以手撐起身體的小孩，先讓他坐在跳箱上試著以手支撐全身，對於起跳的瞬間下意識減速的孩子，試著讓他直接從跳箱旁全速衝過去……等，好教練懂得依據每個孩子不同的個性因材施教。

換句話說，每個孩子各有不同的「罩門」，孩子們卡在某個學習瓶頸、無法融會貫通的弱點也不盡相同。為了克服這些障礙，一名盡職的教練，懂得因人而異傳授他們一些小技巧改進弱點，孩子們經過好教練的提點，一下子就能心領神會、融會貫通。

為了培養insight進而鍛鍊策略腦時，情形也跟孩子們學跳箱一樣。為了領會insight，必須記住的內容因人而異。我希望大家能詳實記錄自己如何克服「罩門」的步驟，如何面對自己原本不擅長的弱項，經過一步步自我改造的過程，有效率培養insight，以能跨越那面阻擋在你通往策略家之路的高牆。

因此，本書在第二章之後，將詳細說明「頭腦運作方式的訣竅」，也會附上能讓大家親自體驗如何以insight提升思考技巧的練習題。另外，還會加上一些小測驗，讓大家能夠知道自己平時的用腦習慣，藉此得到一些線索，了解自己的弱項，進而克服「罩門」。請大家務必停下來親自做做看練習題，試著將思考的經驗累積在自己的腦海裡。

第二章

提升思考「速度」

The BCG Way—The Art of Strategic Insight

1 以邏輯方式思考，相當耗費時間

只要三分鐘，算出後續十四手棋的電腦

如前一章中所述，insight是由思考的「速度」、以及掌握各種現象的「視角」這兩個要素所構成。由於速度是insight的基礎，所以在本章裡，我將針對如何提升思考「速度」的方法，為各位讀者進行具體的說明。

當我們在思考「思考速度」這件事時，有一則事件相當發人省思：

一九九七年五月，在紐約舉行一場永留歷史的西洋棋局。出賽的兩名棋手，一位是

出身於亞塞拜然的世界棋王卡斯帕洛夫（Garry Kimovich Kasparov）。另一位則是美國ＩＢＭ公司製造的超級電腦「深藍」（Deep Blue）。卡斯帕洛夫已連續十二年保持西洋棋世界冠軍的頭銜，被譽為「史上最強的西洋棋手」。另一方面，超級電腦「深藍」擁有一百三十萬顆電晶體，能在短短三分鐘內，推算後續十四手所有可能棋步，毫無遺漏推演檢視，從中選出適合眼前棋局最好的棋步。

在第一局的對奕裡先馳得點的是世界棋王卡斯帕洛夫，看到第一局結果的專家們，都樂觀以為，只要世界棋王發揮實力，第二局以後應能輕鬆取勝。

然而，在第二局中讓世人見識到其實力的卻是超級電腦深藍。在這一局裡，深藍以非比尋常的計算能力，比棋王更能看清棋局的走向，不斷下出好棋，獲得壓倒勝利。自第二局後，情勢倒向深藍；六戰下來的結果是深藍二勝一負三和局。在對戰結束後的記者會中，卡斯帕洛夫仍無法隱藏他失望的神色。

深藍相當於一．四噸重的頭腦，能依序對己方能走的棋步，以及對方接下來能使出的棋步進行演算，多達後續十四手。模擬完所有棋路後，再一一計算對自己是有利還是不利，不斷反覆進行試誤法，以選出對自己最有利的一步。

一般公認西洋棋局裡，平均一著棋大約有三十五種可能的走法。所以，深藍是把三十五的十四次方如此龐大的棋步組合逐一推演，迅速找出此一著的最佳解法。在計算的速度與正確上，深藍把電腦是如何遙遙凌駕人腦的事實，如實呈現在世人眼前。也就是說，很明顯的，在運用左腦不斷進行邏輯思考的速度競賽方面，人腦遠不及電腦。

將棋棋士走的，是「美妙的一步」

那麼，若把目光轉向日本將棋的世界，情況又是如何？目前開發出來的將棋軟體也和深藍一樣，能依序演算自己及對手的棋步，約達後續七至九手。然後在模擬完所有棋路後，一一計算對自己是有利還是不利，選出最好的一步。除此之外，軟體裡還加上了在第一盤棋著重依據定跡（現有棋譜）下子；最後一盤時，則對是否會出現「快被將軍」的情況，進行重點模擬……等的特殊機能。

事實上，目前已經開發「將棋電腦」的實力已有明顯進步。不過，如果與職業棋士相較，卻仍顯得望塵莫及。

明明都是下棋，為什麼將棋與西洋棋差這麼多？因為，將棋平均一步可能棋步比西洋棋多出兩倍多。平均西洋棋一步有三十五種棋步，將棋卻多達八十種。再加上「吃掉的對方棋子能當成自己的棋子，重新放回棋盤中使用」這個特殊規則，到了最後一盤，一步的可能走法將高達二百至三百種。

如果要像深藍一樣演算到第十四手之後的所有可能變化，就得不斷反覆進行試誤法共八十的十四次方。但是現今的電腦，還不存在能在三分鐘內完成這項任務的計算能力。因此，軟體無法勝過能看透到幾十手之後的職業棋士。

那麼，這是否表示，職業將棋棋士的計算能力凌駕於電腦之上？

幾年前，曾經有個非常有意思的實驗能夠解答這個問題。

日本醫科大學基礎醫學情報處理室對於羽生善治名人的腦進行研究分析（「名人」是羽生善治當時的頭銜）（譯注：羽生善治被譽為「日本將棋界的絕世天才棋士」，於一九九六年達成史無前例的七冠王，二〇〇七年獲得「永世王將」頭銜，同時達成職業棋士生涯第一千勝）。分析方法是讓羽生善治解一個五十三手詰的「詰將棋」（譯注：一種將棋益智問題，相當於中國象棋裡的「連將殺」，攻方需在已配置好的棋盤上每一步都將對方一軍），測定在整個棋局進行的過程中，羽生善治究竟運用腦的哪個部位思考？五十三手詰的詰將棋，是即使有相當高段的業餘棋士也需耗費數天才能解答的超難問題。

但是，羽生名人只花了二十分鐘，就全部成功解題。

實驗一開始的前三分鐘，顯示他的腦是以位於後頭部的視覺皮質區為中心，整體的腦都在進行思考。這時正是羽生善治看著盤面的棋子配置狀態，將該資訊傳遞到腦內聯合區的時間。三分鐘過後，右腦開始活潑運作，原來此時羽生善治開始思考走法。這段時間，總共維持八分鐘。

接下來，約有一分鐘的時間左腦開始活動。在實驗後請教羽生善治，才知道原來這時他發現自己的模擬有誤。其後，視覺皮質區再度靈活運作，然後又從右腦全力進行推演。最後的三分鐘，左腦開始活動，羽生名人確認浮現於自己腦海中經過整理的棋路無誤之後，抬起頭來說：「將軍！」。

歸納整個解題過程，發現羽生名人使用到左腦的時間，約莫只有五分多鐘。他平時常說希望自己下棋時，「下的是美麗的一手、畫面動人的一手」。當他推演棋步時，運用的也是掌管意象思考的右腦。

左腦負責語言與計算，右腦負責意象

人類的大腦分為左右半球，分別有各自掌管的領域。左腦是語言中樞，負責的是書寫文章、計算、將複雜的事物理出秩序進行解釋……等的功能。

另一方面，右腦則掌管空間模式的認知與操作。負責鑑賞並享受繪畫或音樂等藝術、抓住意象以掌握整體概念等較屬感性的範圍，都是右腦的工作。

如果羽生名人和電腦的運作方式一樣，對可能的每個落子逐一推演檢視的話，靈活運作的應該是他的左腦才對。然而，羽生善治用的卻是右腦，充分說明他推演棋步的動腦方式，和電腦運作方式截然不同。

將棋的每一步，平均約存在八十種可能的棋步。也就是說，當落到第二子時，變化已經多到超過六千多種（八十的平方）。面對如此多樣的可能，人腦絕對不可能像電腦那樣，能以反覆進行的試誤法逐一演算。

即使如此，職業棋士還是能在短時間裡推演到幾十手之後，人腦明明不是電腦，他們究竟怎麼做到的？關鍵就在於insight。以累積在腦海中既有的制式棋步（定跡）為基礎，用視覺意象讀取盤面，用右腦導出「看似不賴」的一手棋做為假說。接下來，針對假說再由左腦以邏輯方式進行驗證，這種思考的速度，簡直非同小可！

如果人要像電腦運作一樣，純粹以邏輯思考的方式不斷反覆試誤法，一步步進行推演的話，想要解決問題，需要耗費許多時間。但是，insight則是左腦與右腦的協奏曲，也就是一種讓左右腦同時運作的技巧——並非逐一考量、仔細推敲，而是將許多資訊在同一時間進行同步處理。所以，到解決問題為止所需的時間，耗時極短。電腦需以排列組合的方式對資訊一個個進行處理，人腦卻能以視覺方式掌握全盤意象瞬間處理。

因此，「insight」能夠同時處理大量資訊，做為我們發想出奇制勝策略的有力後盾。

2 速度，相當於「（模式辨認＋圖表思考）×假想檢驗」

提升思考速度的三大要素

如果我們對思考速度進行分析，可將它拆解為「模式辨認」「圖表思考」以及「假想檢驗」這三個要素。這三個要素之間的關係，則可用左邊這個公式表達：

公式3　速度＝（模式辨認＋圖表思考）×假想檢驗

如果以棋士為例，所謂的「模式辨認」指的便是記下過去的定式、定跡，並對其純熟地運用。「圖表思考」指的是用右腦以視覺方式讀取盤面，思考出下一步棋該怎麼走。最後，所謂的「假想檢驗」則是以邏輯方式檢視思考得來的棋步，不斷使用右腦和左腦反覆進行假說與驗證，直到導出自己滿意的答案為止。

而當制定策略時，這個公式表達左列的意義：

「將策略理論的精髓『模式化認知』並純熟運用，藉由『圖表思考』充分活用右腦以建立假說。然後，和將棋的情況一樣，使用左腦右腦兩邊同時進行『假想檢驗』，以飛快的速度執行假說的檢驗→修正→再檢驗這項工作。」

為什麼模式辨認有其必要？首先，藉由模式辨認，可以讓我們無需從零開始架構邏輯，便能快速組合既成理論與現有架構加以使用。

請各位回想一下高中時代，在數學課裡，剛開始時需要仔細地學習公式的證明方法，但在那之後，不就是把公式當成「理所當然的工具」，無需另行證明就能直接拿來應用嗎？被模式化認知之後的既成策略理論，正如同數學公式。

只要一旦將既成理論模式化認知，就能把它們拿來排列組合；而這將會把我們導向「獨一無二的策略」。如果大家仔細觀察開發新產品的案例，就會發現一個事實，那就是幾乎很少有什麼產品，是「新」到完全無中生有的產物。即便那些被譽為「世紀大發明」的成果，也絕大多數是修改某些現成既有的產品得來。所謂的創造，基本上經常是將某種東西做為原型，進行微調與修改之後，改良成為精度更高、完成度更佳的作品。

策略也是一樣，以過去的現有策略為基礎，或組合其他的策略、或改變角度，以創造獨一無二的產物。但是，在這種時候，如果還需要逐一徹底檢視過去存在的所有策略，或是不斷排列組合嘗試「這也不是，那也不對」的試誤法，這樣會耗去很多的時間。

右腦與左腦通力合作

所以，開始的第一步是我們必須將既有策略理論的精髓，當成「模式化」的組裝零件。接下來，當公司陷入某種狀況、或發生某個事態時，就要以「這種情況下，不就可以使用A模式嗎？」「將B模式與C模式組合起來的話，不就可以解決這個問題了嗎？」等方式，試著將模式套用到眼前的情況。也就是說，可以不用像證明定理一般架構邏輯，就能在短時間內讓思考不斷往前邁進。

但是，在這個階段裡，我們還沒把思考完全轉變為右腦型的思考。這是因為當我們在活用各種模式時，為了進行操作，需要從腦中叫出某個模式、以能適用現況的「索引」（index）（那種情況下，索引指的是某個概念的關鍵字），因此，無可避免會用到左腦進行語言處理。

如果我們能將眼前的各種現象圖表化，再用右腦掌握圖表意象，能夠更有效提升思考速度。圖表化不但能幫助我們以單純的方式掌握複雜的現象，也能讓我們能夠操作圖表以進行各種沙盤推演。如此一來，就能以右腦思考建立假說，並且藉由組合模式辨認與圖表思考，以更快的速度建立能夠解決問題、落實執行的假說。

接下來的下一步，則是假說驗證。前面我們儘可能活用右腦所建立出來的假說，這回要用左腦檢驗假說的邏輯。交互使用著右腦與左腦，一邊檢視著假說，一邊不斷讓策略繼續進化……此時，彷彿在進行拳擊的空拳練習一樣——想像有一個對手站在面前，不斷對其出拳並躲避對手的攻擊。

假說驗證就是想像身旁站著一個總是看自己不順眼的「毒舌王」，不斷對自己提出的假說毫不留情地批評：

「嘖！你這個假說根本不對吧？」「切！你滿腦子都是漿糊嗎？這裡還有這麼明顯的邏輯矛盾！」……等，這樣一來，能夠更加提升假說的水準。

藉由右腦與左腦的通力合作，在這個過程裡於自己的腦海中創造出一個「建立假說的人」，以及一個「對該假說進行批判式驗證的人」，不斷對假說進行反覆的檢驗。

3 對於策略理論的精髓，進行模式辨認

傑出顧問們的共通能力

想要成為一名獨當一面的管理顧問，一開始最需要具備的能力是「模式辨認」（pattern recognition）。擁有模式辨認的能力之後，能以各種不同角度認知模式，或是將幾個模式組合起來，能夠立即掌握現況，並且以更快的速度建立適當的策略假說。

有個很有效的方式能提高這種能力，就是要養成這種習慣——每當遇見某種局面，便要以「這原來是這樣的情形……」的方式，將眼前狀況進行模式化，並記在腦子裡。

然後，把這些模式儲存在腦中，必要時，運用這些累積在腦子裡的模式，進而構思

新的策略。學會模式辨認能力之後，就能省去從頭開始進行邏輯思考的麻煩，一口氣馬上跳到「這種時候可以適用那種模式」的步驟。如此一來，就能加快思考速度。

我曾在哈佛商學院（Harvard Business School）進修MBA課程，兩年內，我們以個案研討（case study）的方式，在課堂上被要求評估的企業案例總共約有八百個。這些企業案例分別針對各業種、業態或規模的公司，要你思考「當他們陷入某種狀況或面臨某個事態時，如果是你，你會怎麼做？」這不但沒有教科書可供參考，也沒有唯一的正確答案。藉由大家共同討論「面對這種狀況時，應該怎麼做？」的過程，將策略或管理模式內化成為自己的DNA，以期將來在需要實地操作的場合，可以直接應用的一種訓練。

後來，我進了BCG之後，發現每一位傑出的管理顧問的腦子裡，都擁有多個分類完整、經過模式化的策略資料庫。這就像是收納各種零件與用具的工具箱一般，隨時都能當成發想策略時的好幫手。每當接下不同的專案時，能為企業客戶提供獨一無二的客製化致勝策略。當我發現這件事情之後，隨時提醒自己，將各種模式化的策略模組，化為一個個現成的理論架構，然後像思考零件一樣，並且深深記在腦子、收納在策略資料庫裡。

這個過程裡，我領悟到的訣竅，是把「概念詞彙」（concept words）當成記憶用的分類資料庫關鍵字。由於人的頭腦無法巨細靡遺記得所有細節，所以，我們以概念詞彙當成關鍵字的方式，記憶策略的精髓。雖然實際上的狀況，是我們會將每個具體案例依不同的概念詞彙記憶在腦中資料庫的深處；但是，在搜尋記憶或模式化的既成理論時，是以「概念詞彙」所在的那個層級進行。因為這樣的方式，能讓人更容易記得該記的東西，也能更提高思考的速度。至於更詳細的案例本身，只有在需要時，再從腦中的記憶體裡讀取出來就可以了。

這世界上，當然沒有任何一個人，打從一開始就在腦中儲存許多模式化的策略思考零件。所以，接下來我試著舉出一些有助於提升思考速度的重要概念詞彙提供大家參考。如果這裡面有任何一個你尚未將其以模式化方式認知的概念，或是尚未做為既有理論架構而能運用自如的概念，建議你，利用這次閱讀本書的機會，把它們全部塞進腦子裡。

在這裡為了幫助大家能更容易理解，我將它們分為成本類、顧客類、結構類、競爭模式類以及組織能力類這五個分類（詳見**圖表2-1**）。而對於大家可能比較不熟悉的概

圖表2-1　重要概念詞彙

成本類	顧客類	結構類	競爭模式類	組織能力類
規模曲線	區隔化	V型曲線	先行者優勢	時基競爭
經驗曲線	轉換成本	競爭優勢矩陣	先發制人	組織學習
成本習性 • 固定費用・變動費用 • 規模／範圍	顧客忠誠度	事業解構		知識管理
	品牌			

念，詳細說明如下：

(1) 成本類概念詞彙

▼規模曲線（Scale Curve）

有些產業裡，公司的生產規模大小直接影響它的成本競爭力，也就是「規模（scale）直接影響競爭優勢」。舉例來說，紙漿產業或大部分的化學工業等產業就是如此。把這些產業裡的企業，依據生產規模大小排序之後（以生產成本由低到高排序），就能很容易地判斷出哪家企業正位於損益臨界點，以及當市況如何變化時，哪家企業以下的企業

圖表2-2 規模曲線示意圖

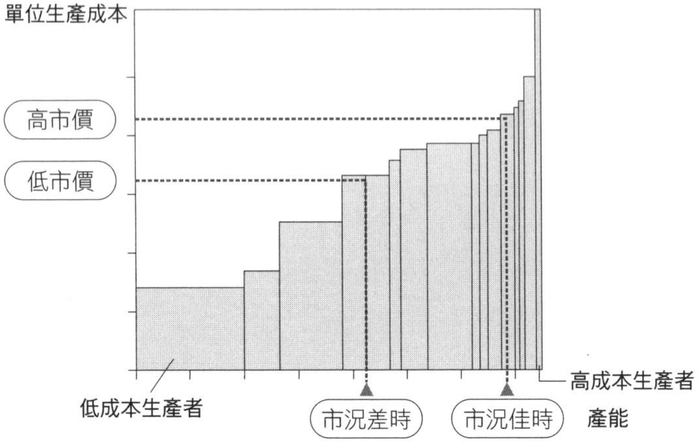

©波士頓顧問公司

會面臨虧損……等。通常所謂的規模曲線，指的是由生產規模、成本和市場價格這三個要素製作的圖表。在**圖表2-2**的例子裡，我們可以看得出來，當景氣好、市況佳時，市場價格升高，大部分的企業均能維持獲利狀態；但是，一旦景氣低迷，只有市場前三大公司有辦法保持盈餘。

以這個概念詞彙為核心的策略案例，較具代表性的包括以不斷併購的方式，強化自家企業的低成本地位，或是在市況不斷惡化的時間點，在掌握市況之下，低價收購陷入虧損的小規模公司的策略型併購等。

圖表2-3　經驗曲線示意圖（以美國汽輪發電機為例）

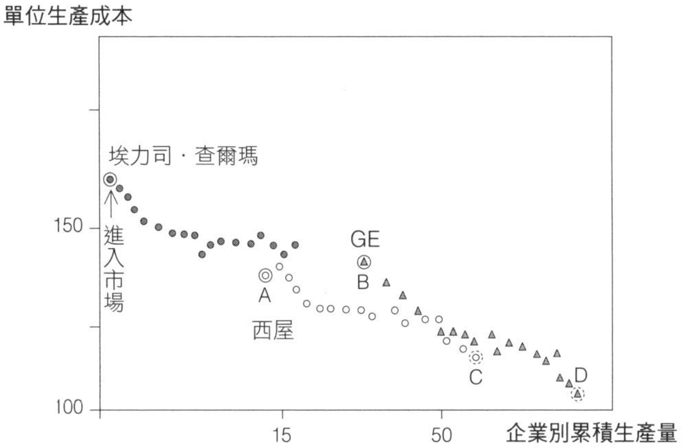

©波士頓顧問公司

▼經驗曲線（Experience Curve）

在大多數產業裡，累積愈多生產同種商品的經驗，單位生產成本愈低。尤其是當「良率」在產程中扮演重要角色時，更是明顯。一九六〇年代，BCG發現了這個現象，並且向世人發表這個命名為「經驗曲線」的概念。如果能巧妙運用這個特性，就能實現「放手擴大生產量，將未來成本降低的部分先行納入決策考量，以低價策略拓展市場占有率」的策略。最終來看，此舉能幫助公司拉大與競爭對手的成本競爭力差距，繼續保持競爭優勢。像是在**圖表2-3**「以美國汽輪發電機為例」裡，明確顯示累積產量較少的埃力司・查爾瑪（Allis Chalmers）公司在成本面上，無論如何就是無法勝過擁有更高市占率的龍頭公司群。埃力司・查爾瑪進入這個市場時，西屋（Westinghouse）和奇異（General Electric，以下簡稱GE）均已分別擁有著A和B的累積生產量（以及基於該累積生產量下的單位生產成本）。當埃力司・查爾瑪好不容易達到A的生產量及單位生產成本時，這兩家公司已經分別又達到C和D的水準，使得他們的成本競爭力又更為提高。在這個知名的案例裡，埃力司・查爾瑪對這兩家領先企業分別提出違反獨占禁止法（反傾銷）的訴訟，但是，由於各方成本差異被證明出正如經驗曲線所示，所以，最後埃力司・查爾瑪還是只能摸摸鼻子認輸出場。

▼成本習性（Cost Behavior）

依據產業特性的不同，甚至是相同產業裡也依各企業特性不同，每家公司固定成本與變動成本的結構大異其趣。這是理所當然的事情。當一家企業規模擴大時，規模效益會以什麼樣的形態出現？在旗下擁有複數事業或商品，是否能產生範圍效益（Economies of scope，一種能廣泛對應顧客需求的優勢）？在制定新策略時，留意成本結構因為營收增加，或投資而產生變化前後的狀況，是一件非常重要的事情。以動態角度檢視成本結構，並以「成本習性」這個概念掌握，便能將其做為既成理論架構頻繁靈活運用。許多準備跨足新事業的企業，正是因為沒有以目前本業的成本結構思考新事業，結果踢到鐵板鎩羽而歸，類似這種失敗案例不勝枚舉。

(2) 顧客類概念詞彙

▼區隔化（Segmentation）

無庸贅言，市場區隔是制定策略時最重要的一個概念。無論是在推廣行銷或擴展新事業，選擇要將目標市場設定在哪個區塊？往往是最重要的策略決策。「區隔化」這個概念，通常只用於表示市場區隔，所以，在這邊我也把它分類在顧客類的概念詞彙裡；不過，實際上這個概念的運用範圍非常廣。比方說，把公司裡的業務人員區隔化之後，掌握各種區隔的特性，思考如何進行業務改革；或是試著用各種不同的區隔分類方式，將公司所有產品進行分類，以得到該在哪些領域擴大投資或退出市場的靈感……等。

▼轉換成本（Switching Cost）、顧客忠誠度（Loyalty）、品牌（Brand）

這幾個概念其實是以不同角度看待同一種的現象，因此，建議各位彙整一併記起來。

只要提高顧客由自家商品轉換至其他公司商品時所需付出的成本（轉換成本），就能提高顧客忠誠度。而提高顧客忠誠度的典型手法之一，就是建立品牌。這幾個概念就像這樣，彼此間相互關連。如果能藉由提高轉換成本，成功增加具有高顧客忠誠度的熟客人數，那麼，相對於砸下大筆行銷費用開拓新客戶來得更有效率。比方說，航空公司的累積哩程回饋制度或百貨公司的集點卡……等，就是應用這些概念。

另一方面，並非以金錢類的轉換成本，而是以提高心理層面轉換成本的終極手段，就是品牌忠誠度。比方說，全身上下都是香奈兒（Chanel）的女性愛用者被稱為「香奈兒族」，由於香奈兒給人的心理滿足感實在太大了，因此會不斷買進香奈兒的精品。

(3) 結構類概念詞彙

我相信前述與成本或顧客相關的概念，各位讀者在日常工作中也常有接觸的機會。

圖表2-4　V型曲線示意圖（以郊區型家庭式連鎖餐廳為例，1985年）

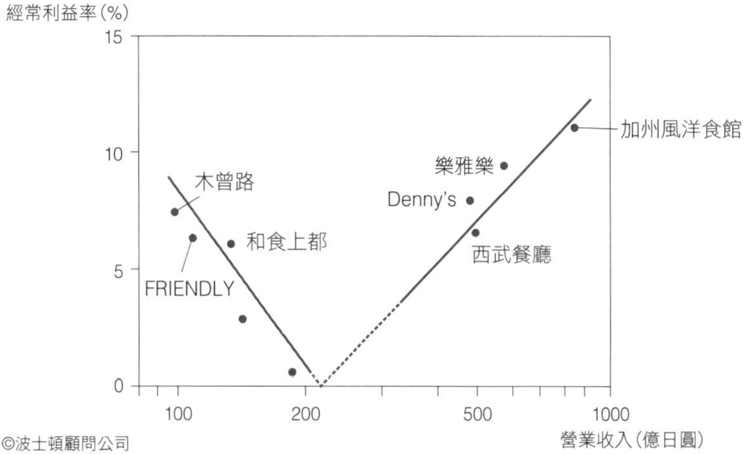

©波士頓顧問公司

但是，如果要發想策略時，也有必要往後退一步，用更寬廣的視角掌握產業的整體結構或事業特性，而在此方面能夠助我們一臂之力的就是結構類的概念詞彙。

▼V型曲線（V-Shaped Curve）

如果我們設橫軸為營運規模、縱軸為獲利能力，比較各家企業規模與獲利率之間的關係，圖表會呈現「位於右方以規模取勝的群組，以及位於左方以強化利基市場致勝的群組，分別享有競爭優勢，而中間那些規模不上不下的企業，則明顯敗陣」的狀況。這種現象，在許多種不同的產業裡都可發現。**圖表2-4**是以一九八五年的郊區型家庭式連鎖餐廳產業結構為基礎繪製而成，其中，在營運規模龐大的群組裡，有加州風洋食館（Skylark）、樂雅樂（Royal Host）、Denny's等獲利率高的企業群；相對的，木曾路、FRIENDLY、和食上都等餐廳，則是屬於營運規模雖小，但經常利益率高的群組。一般來說，那些規模剛好介於中間、不大也不小的企業，獲利率都很低。因為這些企業既無法享受規模經濟的利益，又沒有具備得以獲得某部分客層強力支持的獨特性，使得自己陷於V型的谷底。

▼競爭優勢矩陣（Advantage Matrix）

依據產業特性的不同，企業間的競爭模式也呈現出幾種不同的情況。像是需要徹底追求擴大營運規模的產業；或者獲利能力無關規模、而是完全受其獨特性影響的產業；或是技術和市場均已成熟化、且幾乎所有企業都已發展到即使繼續擴大營運規模，也無法再增加任何成本優勢的僵固型產業等。歸納這些模式、提供我們靈感以思考下一步策略的工具，這就是「競爭優勢矩陣」。如**圖表2-5**所示，這張圖的縱軸表示影響競爭優勢的策略變數項目，橫軸則表示建立競爭優勢的可能。如此一來，我們便能把各式各樣

圖表2-5 競爭優勢矩陣示意圖

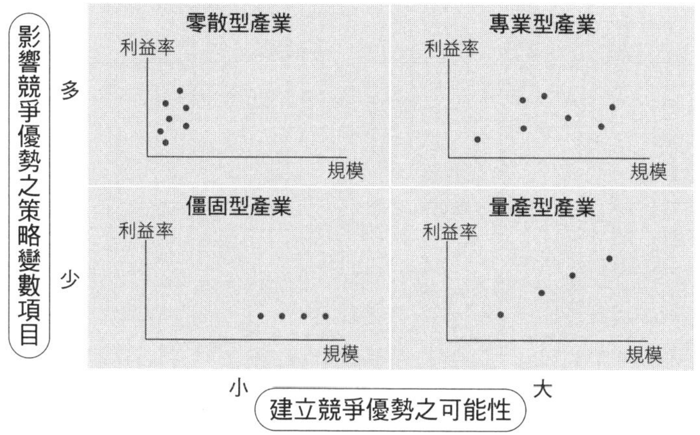

©波士頓顧問公司

的事業分成量產型產業、專業型產業、零散型產業與僵固型產業共四種類別。

大型企業在對集團公司進行管理時，很容易犯的一個錯誤就是無法掌握子公司所處產業的特性。比方說，如果母公司的核心事業本身屬於量產型產業時，很容易會把量產型產業的致勝模式，直接套用在其實屬於零散型產業的子公司。

當我們在管理分屬多種不同產業模式的集團公司時，徹底活用競爭優勢矩陣概念，會為你帶來很大的價值。

▼事業解構（Deconstruction）

「解構」一詞，原為哲學用語，意指從

不同角度審視現有結構。運用在商業領域，意指「以全新的觀點重新拆解事業結構，以創造全新的價值鏈形態」的策略概念。尤其是在網際網路出現之後，資訊往來的效率大為提高，商業模式產生巨變，各行各業必須以事業解構的角度，重新建立事業跟產業結構。典型的案例像是傳統垂直整合型的事業營運模式開始崩潰，而如同戴爾電腦（Dell Computer）一般，以價值鏈上一個或少數幾個關鍵能力為核心的指揮家模式（注）再也不是夢想（詳見**圖表2-6**）。更詳細的資料，推薦大家延伸閱讀由菲利浦·伊凡斯（Philip Evans）與湯馬斯·伍斯特（Thomas S. Wurster）合著的《位元風暴：新資訊經濟下的企業轉型策略》（*Blown to Bits: How the New Economics of Information Transforms Strategy*，中譯本由天下文化出版）。

注：

◎傳統的事業營運模式：

內部一貫整合者（Integrator）模式：一貫整合內部價值鏈上游至下游所有過程。

◎事業解構所孕育而生四種新營運模式：

1. 垂直跨業者（Layer Player）：專精於價值鏈上的某一階段，最後會將價值鏈上的該階段垂直橫跨業種，以達到經濟規模。

圖表2-6 事業解構示意圖

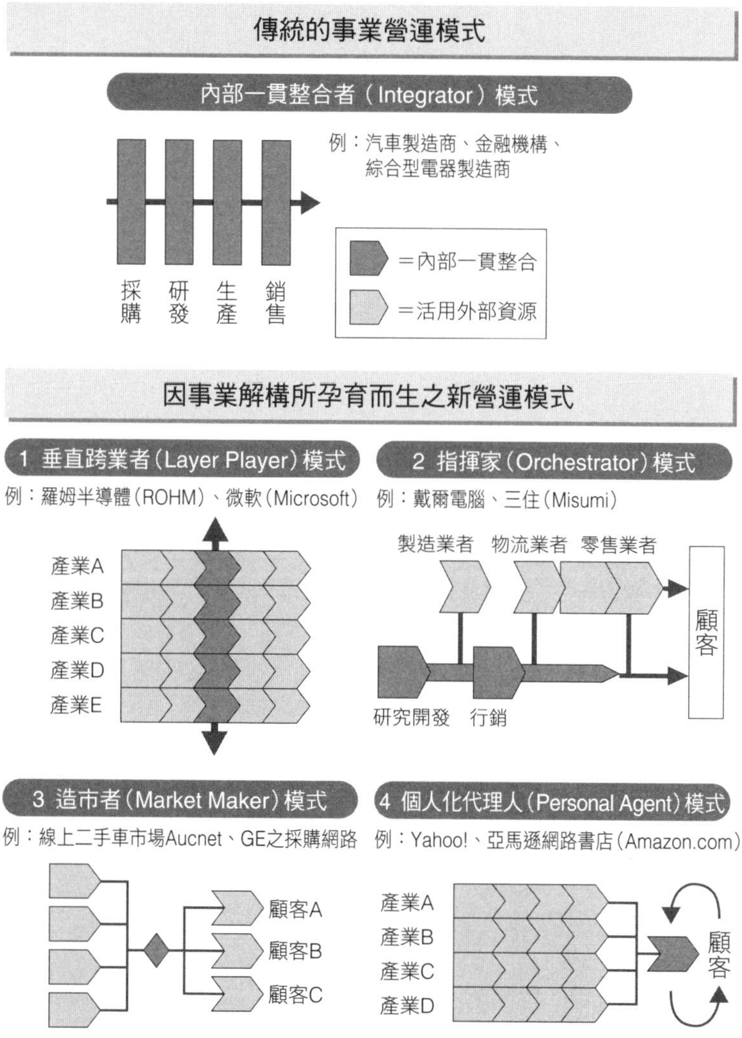
傳統的事業營運模式
內部一貫整合者（Integrator）模式
例：汽車製造商、金融機構、
綜合型電器製造商
採購
研發
生產
銷售
＝內部一貫整合
＝活用外部資源
因事業解構所孕育而生之新營運模式
1 垂直跨業者（Layer Player）模式
例：羅姆半導體（ROHM）、微軟（Microsoft）
產業A
產業B
產業C
產業D
產業E
2 指揮家（Orchestrator）模式
例：戴爾電腦、三住（Misumi）
製造業者
物流業者
零售業者
顧客
研究開發
行銷
3 造市者（Market Maker）模式
例：線上二手車市場Aucnet、GE之採購網路
顧客A
顧客B
顧客C
4 個人化代理人（Personal Agent）模式
例：Yahoo!、亞馬遜網路書店（Amazon.com）
產業A
產業B
產業C
產業D
顧客

©波士頓顧問公司

2.指揮家（Orchestrator）模式：專精於價值鏈上一個或少數幾個階段，其他則外包（outsourcing），而且善於管理外包。

3.造市者（Market Maker）模式：藉由提供大量資訊幫助客戶，此種類型的經營模式會與資訊量有很大的關連，也能在既有價值鏈開創新的階段。

4.個人化代理人（Personal Agent）模式：每一個消費者因需求不同而擷取不同的資訊，再根據顧客不同的需求提供服務。

(4)競爭模式類概念詞彙

此類概念詞彙，表達企業在面對競爭時的行為模式。

▼先行者優勢（First-mover Advantage）

意指率先較競爭對手廠商採取某項行動，藉以獲得的競爭優勢。比方說，生產消費財的製造商領先推出某種商品，在消費者心中建立起「只要想到那項商品，就想到那家公司」的印象。

像是在食品類品牌中，之所以擁有「說到沙拉醬，第一個就想到丘比（Kewpie）」「買醬油就一定要買龜甲萬（Kikkoman）」「除了味滋康（Mizkan）之外，買醋時根本不用考慮其他品牌」等印象的消費者人數眾多，這就是由於先行者優勢效力強大的原因。也就是說，如果能在「容積」有限的空間裡（比方說消費者的腦海，或是零售店的貨架等）積極卡位、搶到一席之地，那麼，後進者想要達到同樣的地位，就需要耗費更龐大的投資。所以，這是一種在空間、資源等受到較大限制的情況下很有效的概念。

▼先發制人（Preemptive Attack）

意指在競爭對手出奇不意的時間點展開攻勢，不給對方任何反擊餘地的致勝策略。比方說，當一家公司開發出一種嶄新商品時，不採用階段性擴大銷售通路的方式，而是採用一口氣鋪貨到所有地區與所有通路，並且立刻配合投入大規模廣告活動的手法。風險雖然較高，但是，如果能在對手投入類似產品前分出勝負的話，獲利也相當驚人。「先發制人」是一個如果該領域存在著先行者優勢，那麼，無論如何你都必須好好評估是否應該採用的策略選擇。

(5)組織能力類概念詞彙

這類的概念詞彙，主要著眼於存在於各企業組織體制內部的能力。

▼時基競爭（Time-based Competition）

「時基競爭」是由BCG資深顧問喬治・史塔克（George Stalk）針對日本企業進行研究後，所發表的一個概念。

史塔克針對「日本的製造業為何能較歐美同業開發出更多新商品」進行研究的結果發現，表現優異的企業都不約而同都擁有某一種相同的組織能力，那就是節省對產生附加價值沒有幫助的時間。

而時間競爭力要素，除了出現在製造業的商品開發速度之外，像是縮短從生產到物流的整體供應鏈時間，或是立即因應環境巨變以調整商品組合或價格……等，存在各式各樣的形態。

比方說，假設有一家成衣廠商原本預期今年會流行紅色，但是季節一到，卻發現市場實際流行的是黑色。那麼，從意識到「今年並不是流行紅色」這項錯誤，到「實際大量生產黑色版主力商品並追加出貨」所需的時間愈短，獲利能力就愈高。如果組織能擁有像這樣的應變能力，往往能在激烈競爭中，相對建立起穩固的競爭優勢。

▼組織學習（Organizational Learning）、知識管理（Knowledge Management）

任何一家企業裡，都存在著「使命必達的人才」，以及並非如此的員工。如果以淺顯易懂的方式說明如何培養「使命必達的人才」，那就是要讓這樣的人才成為組織全體共有的智慧，進而提升公司整體的營運績效，這就是「組織學習」概念的基礎。協助組織系統化執行「組織學習」概念的方法，就是「知識管理」。

以上，我們分別依五個體系，為大家介紹務必熟記的概念詞彙。由於本書是以「超越策略理論的insight」為核心主題，所以，在此並未對概念詞彙進行特別詳細的敍述。如果有讀者希望對各個概念詞彙作更深入的理解，我推薦各位延伸閱讀以下書籍：

延伸閱讀

●適於廣泛學習策略理論各種概念詞彙的書籍：

1.《策略行銷管理》（*Strategic Market Management*），大衛・艾克（David A. Aaker）著，中譯本由華泰文化出版。

2.《BCG戦略コンセプト》，暫譯為《BCG策略概念》，水越豐著，Diamond社出版。

3.《新・企業參謀》（《企業參謀》），大前研一著，中譯本由商周出版。

●適於深入學習策略理論兩大潮流——定位（Positioning）理論與資源能力（Resource Capability）理論的書籍：

1.《競爭策略》（*Competitive Strategy*）、《競爭優勢》（*Competitive Advantage*），皆由麥可・波特著，中譯本由天下文化出版。

2.《新・経営戦略の論理──見えざる資産のダイナミズム》，暫譯為《新・經營策略：看不見的資產勢力》，伊丹敬之著，日本經濟新聞社出版。

3.《創新求勝──智價企業論》（《知識創造企業》），野中郁次郎與竹內弘高合著，中譯本由遠流出版。

4.《*Competing Against Time*》，暫譯為《與時間競賽》，喬治・史塔克（George Stalk, Jr.）與湯瑪斯・哈特（Thomas M. Hout）合著，Simon & Schuster出版。

5.《位元風暴：新資訊經濟下的企業轉型策略》（*Blown to Bits: How the New Economics of Information Transforms Strategy*），菲利浦・伊凡斯（Philip Evans）與湯馬斯・伍斯特（Thomas S. Wurster）合著，中譯本由天下文化出版。

【案例】伊藤園在便利商店設置「寶特瓶溫瓶機」策略

為了讓大家更熟悉「模式辨認」，讓我們來看看伊藤園（ITO EN）「寶特瓶溫瓶機」這個案例。

二〇〇一年左右，伊藤園開始進行的一項很有趣策略，那就是設計寶特瓶茶飲業界第一款在便利商店提供「可加熱寶特瓶」用的溫瓶機。伊藤園製造了兩萬台寶特瓶溫瓶機，相當於可存放一千萬瓶可加熱寶特瓶，並且致力向便利商店推廣，結果成功搶進除了**7-ELEVEn**以外的其他便利商店。

伊藤園以「喔咿～茶」（おーいお茶）寶特瓶茶飲系列聞名世界，時有創新之舉。這個寶特瓶溫瓶機，理所當然打上了「伊藤園」的商標，原則上用來保溫伊藤園的可加熱寶特瓶系列產品，其他品牌的飲料廠商當然也努力想讓便利商店把自家產品一起放進伊藤園的溫瓶機裡面。

但是，伊藤園與其他公司不同的做法，是它擁有一支三千人的固定巡迴銷售（Route Sales）部隊，能夠定期拜訪各家便利商店，使盡全力讓溫瓶機裡擺放的都是伊藤園的商品。

在雜誌裡看到這件事的報導時，我第一個想到的就是「對！這就是典型的『先行者優勢』策略啊！」

由於便利商店裡的空間非常有限，所以，只要能比別人早一步攻城掠地，爭取自家商品在兵家必爭的有限空間上架，是一件非常重要的事情。

再加上伊藤園擁有固定巡迴銷售部隊定期拜訪各店鋪，這成為一種確保勢力範圍的方法，鞏固自家產品一旦攻占便利商店的彈丸之地，就再也難以再被其他公司奪走好不容易才能插旗占領的銷售空間。

模式辨認有助於推敲下一步棋

「先行者優勢」策略模式，從一開始便就存在我的腦海中；但是，當我讀完這則伊藤園溫瓶機的報導之後，又為「先行者優勢」增加一個具體案例。

後來，我進一步思考相關的延伸問題，比方說：「鞏固在店鋪裡的銷售空間」「將好不容易才能卡位的銷售空間，以固定巡迴銷售的方式維繫」這些方法，能否複製到其他行業？

比方說，樂敦製藥（ROHTO）推出的「Alguard」，是一個治療花粉症的副品牌，包括外用藥（含眼藥水、噴霧式洗鼻器、漱口藥、洗眼液）與內服藥。我立刻想到，這產品有沒有可能像寶特瓶溫瓶機一樣，大大打出「Alguard」品牌後，在藥妝店裡占據一整個貨架，將屬於「Alguard」系列旗下的各種商品聚集在同一區的貨架陳列？

接下來，假使能夠順利取得所需的銷售空間，競爭對手一定也會祭出因應策略搶奪這些空間。所以，能夠因應方式只剩下派出固定巡迴銷售部隊，負責維繫各店鋪裡已取得的銷售空間這個方法而已。

如此一來，現實上大概有辦法將此種策略付諸執行，而且能將自家商品上架在藥妝店裡的製藥公司，不就只剩下擁有自己的業務團隊進行固定巡迴銷售的SS製藥（亦稱日本白兔牌）與大正製藥（TAISHO）了嗎？像這樣延伸思考，讓假說愈來愈深化，思考這兩家公司，以及面對競爭時可考慮的具體策略選項。

這裡我列舉的雖然只是個簡單的案例，但是，希望大家能記得一件事情，那就是一旦對既成理論、現有框架進行模式化認知，佐以概念詞彙做為關鍵字加入索引裡之後，就能快速提升制定策略的能力。

如果沒有事先在腦海裡塞進「先行者優勢」這個模式和概念詞彙的話，我想，即使讀了伊藤園的報導，大概也是「有看沒有到」，很快就忘得一乾二淨，即使面臨工作或生活中必須擬定策略時，還是無法派上用場。

閱讀報章雜誌時，有人只是單純覺得「這還挺有意思的」，然後過目即忘；有人則是一邊閱讀、一邊充實自己的「模式辨認」資料庫。這兩種截然不同吸收資訊、解讀資料的閱讀方法，將會大大拉開兩者培養策略能力的差距。

4 以圖表思考進行速度模擬

動起來吧！你的右腦！

將策略理論進行模式化認知之後，就能以迅速在腦中搜尋是否能運用的既成理論與現有框架，或是將複數的理論框架進行排列組合。也就是說，建立假說並使其進化的思考速度，將會加快許多。

而能讓建立假說並使其進化的速度還要再更上一層樓的頭腦運作方式，就是「圖表思考」。如同前面我們有提到，高段的將棋棋士們是藉由對右腦的充分運用，提升模擬棋局的速度。而在思考管理策略時，充分運用右腦的訣竅，就是善用圖表，也就是以視覺意象進行思考。

以言語和邏輯思索策略假說時，無論如何都會變成以左腦為核心的思考，想要提升速度，有其極限。然而，只要將言語與邏輯改成圖表，便能切換為以右腦為核心的思考法，使思考速度更向上提升。

讓我們來看看具體的例子，請參閱**圖表2-7**。

這是描述兩家互相競爭的美國與日本企業的價格動向具體實例。正如前節已介紹過的「經驗曲線」概念，這兩家公司的單位生產成本均隨著累積生產量增加而逐漸下降。

但是，美國企業自從切入這個市場後，有相當長的一段時間並沒有隨著成本降低而降價，採取的是儘可能維持高毛利的策略。相對的，日本企業則一開始就採取將降低的成本回饋到售價的低價策略。當我們把經驗曲線與價格動向圖表化之後，一目了然兩家公司發想策略的差異。

如果不用圖表而只靠言語和邏輯解釋這個狀況，不但聽者不容易理解，即使有心想要說清楚、講明白也很費時。

假設這兩家企業都事先把這狀況畫成圖表，以評估定價策略的話，相信兩家公司都

圖表2-7　兩種定價策略模式

美國型

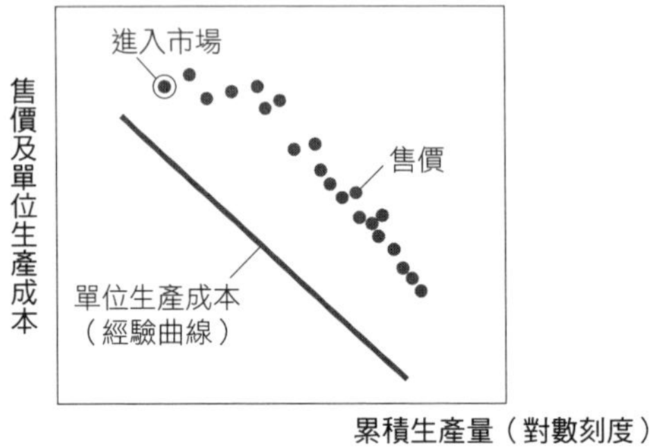

無視成本曲線變化，將售價維持於高水準

日本型

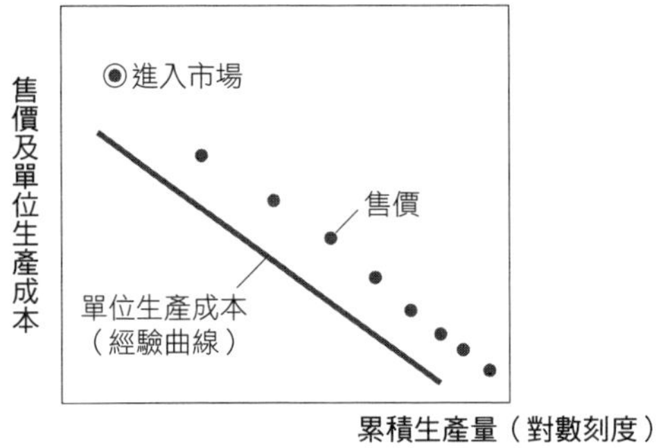

隨著成本曲線降低而調低售價

能很容易看出定價策略的可能選項，也可以藉此激發公司內部的討論氣氛。至於現實上，這家美國企業從來沒懷疑過自己長久以來實施的高毛利策略，將日本企業的定價策略認定為傾銷或自殺行為。隨著時間流逝，他們的市占率和成本競爭力均大幅流失。

想要徹底學習insight進而制定出奇制勝的策略，以圖表思考的方式活用右腦，會有非常好的效果。

連結「圖表思考」與「模式辨認」

要學會「圖表思考」，最有效的方式是將它與既成理論的「模式辨認」組合在一起。對策略理論的精髓進行模式化認知時，不但要在「概念詞彙」加上「案例」，如果有可能的話，應該儘量努力把圖表意象也一併熟記。

以V型曲線為例，很明顯的，這個概念本身便是出自於那呈現出「V字型」的圖表曲線。同樣的，想要把這個概念用到熟能生巧的程度，訣竅在於以圖表意象進行思考。在腦海中建立起一個具體的V型曲線圖表，比方說，思考自家企業與競爭企業現在各處在什麼位置？未來將位移到什麼位置？思考這些事情，能幫助我們擬出下一步的策略假說。

由於策略理論以個體經濟學（Microeconomics）為基礎，因此大部分的概念都可以圖表化。只要好好意識到這件事，把「圖表思考」與「模式辨認」相互連結，其實並不是很難的事情。而且，只要你有一次成功的經驗，就會變得能夠以飛快的速度提出高水準的策略假說。

站在「去平均」的立場觀看圖表

接下來，必須提醒各位一件事情，那就是當我們在活用圖表思考時，必須注意不要被平均值誤導，留意並思考平均值背後的個體所代表的意義，也就是「去平均」（de-average）的概念。讓我以一間餐廳為例，詳細為大家說明什麼是「去平均」。

這間餐廳一直記錄每天來客數，並且以一星期為單位取得平均值。最近，餐廳發現平均來客數明顯降低，與半年前相較之下，竟然減少近一成。店長研判這是因為餐廳整體競爭力降低的緣故，因此提出「準備大幅調降價格」當成因應之道。

其實，如果以「去平均」的觀點重新思考這件事情，會有截然不同的結果。比方說，圖表不採取「來客數」做為觀察值，改以「不同客戶」為區隔分別進行圖表化，呈現出來的結果卻是完全不同的構圖。

具體的方法是這樣的——首先，依據不同時間帶對客戶做區隔，檢視來客數的增減狀況，發現一件好玩的事情，那就是從傍晚五點到晚上七點，這段期間的來客數大幅減少。事實上，這是由於附近一家劇場提早晚間開演的時間，導致過去在開演前，先來這邊吃點東西墊個胃的來客減少的緣故。

另一方面，從資料中也發現在星期一到星期五這段時間，每星期會有幾次，在快要打烊前的時段，會有整群的客人突然湧入。由於來店消費的頻率已經超出正常範圍，店長直接請教客人，得知原來他們是剛搬進附近辦公大樓的公司員工，加班之後會到餐廳享用遲來的晚餐。

因此，從這個案例中可以發現一件事情，那就是以「去平均」的觀點分析客人，除了平均值之外，也能花點心思分析與思考「異狀」「異類」「異數」，最後，使得這家餐廳能以「提供快餐，讓前往劇場看戲的來客，可以速戰速決用餐完畢以趕上開演時間」，以及「延長營業時間，到附近企業展開宣傳單攻勢，讓晚上加班的上班族也能享用美味的晚餐」等方式增加來客數，而非只是單純降價打價格戰。

許多數據常常經由某種方式的加工，被轉成平均值。但是，資訊一旦經過平均化的步驟，呈現眼前的並不見得一定是實情。為了建立好的假說，我們得做的第一步，是把平均值背後的原始資訊回歸原貌，以全盤的視角整體逐一觀察所有的數據。

尤其當數據被製成圖表時，即使明明只是平均值資訊，人們也很容易誤認為它呈現出來的是實際狀況，大家要特別留意這一點。

5 假想檢驗——右腦與左腦的協奏曲

不斷縮小構想或假說的範圍，讓假說更加進化

我們藉由模式辨認與圖表思考創發出各種各樣的點子，一步步建立出假說。然而，我們創發出來的點子或假說，其實，不可能全部都是良品，連一個瑕疵品都沒有。因此，為了將假說塑造至可做為策略使用的程度，需要以某種方式進行檢驗，刪除其中水準不夠的想法。針對那些沒有被刪除的假說，也必須以各種不同角度驗證與檢視，讓假說能夠進化成品質更高的內容。

扮演這個功能的就是「假想檢驗」，像是拳擊手在腦中勾勒一名假想敵，一邊避開

對方的拳頭防守、一邊自己也要對他揮拳發動攻擊的空拳練習一樣。在制定策略的場合，我們也應該以批判的角度，試著從各種方向對假說進行攻擊，然後被攻擊的這一方，就要一邊閃躲防禦、一邊提升假說的內涵，反擊對方毫不留情的毒舌批評。如果是為了檢驗假說，必要時甚至要親自直接到實踐假說的第一線（現場）蒐集資料——不斷重複的這種過程就是假想檢驗，也是「鍛鍊智慧的沙盤推演」。

這種讓假說更加進化的「假想檢驗」手法，不只在管理策略這個領域，在許多研究學問與知識的領域都非常有效，其重要性已由許多專家所驗證。

比方說，前大藏省（譯注：相當於我國財政部）財務官，現任慶應義塾大學教授的榊原英資，針對京都學派的文化人類學者梅棹忠夫研究學問的手法，做了如此的評述：

「當世界發生巨變時，以現有的理論，根本無法看清現場的真相。當然，只是漠然瞪著現實狀況，也不會有任何幫助。真正的學問，其實存在於腦中一邊建立假說、一邊在第一線現場與概念的架構之間你來我往的智慧遊戲裡啊！」（摘自《日本經濟新聞》二〇〇三年九月二十八日早報）

此外，報導文學作家佐野真一也曾說：

「報導文學作家的實力差異之處，在於當『假說』被『事實』推翻時，究竟是摸摸鼻子走人？或者是接受它？並且將它視為一個新的『謎』，鞭策自己繼續追求更深入的『事實』，堅持報導文學這條路，如此而已。」（摘自《私の体験的ノンフィクション術》，暫譯為《我的體驗型寫實術》，集英社出版）

這些評述正和管理策略裡的「假想檢驗——智慧的沙盤推演」完全相同。要強迫自己，在第一線現場（也就是觀察到的事實）與概念之間不斷一來一往。養成這個習慣，能協助你有能力制定獨一無二兼具品質的策略。

「假想檢驗」有助於激發行動

假想檢驗的目的，不是只在於提升假說的水準，不但能將制定的策略讓別人更容易理解，也能讓組織依據新的策略動起來。

在許多情況下，由掌管感性與意象的右腦所主導建立的假說或策略腹案，自己雖然很清楚自己想的是什麼，但是，其他人往往不明白你在想什麼？難以理解你提出來的策略「意象」究竟是什麼？

當我們運用右腦意象發想假說之後，接下來必須用左腦邏輯進行檢視，將它化為有辦法向他人說明的邏輯，讓周圍的人能夠接納並認同這是符合邏輯的策略。因為人們不可能實踐連自己都無法理解的策略，而且，無法落實行動的策略，根本沒有任何價值。也就是說，如果無法將意象轉換為邏輯，就無法激發其他人採取具體行動，也就不是個有效的策略。藉由假想檢驗，不斷進行右腦的「自己能夠了解的意象發想」和左腦的「也能讓其他人理解的邏輯化」的作業，最終才能完成一個讓其他人也能理解、接受的邏輯。因此假想檢驗對於提升策略的可執行性，也有非常密切的相關。

那麼，想要提高假想檢驗的能力，究竟應該怎麼做才好？

體驗靈魂出竅的感覺

當我在BCG對新進的管理顧問們進行指導時，發現有些人很輕鬆就能學會insight，但是，也有些人學得相當辛苦。仔細觀察這兩種人的差異，我發現那些insight一直提升的新人們，大多以「雙重人格」的方式看待事物。

這裡之所以用「雙重人格」這個心理學的名詞，是因為我想表達當這些人在思考事情時，自然而然就能在自己腦中，試著以真實的自己完全相反的立場觀察事情，就像是具有雙重人格的人一樣。

比方說，就像是即使自己的腦子裡出現了「日本經濟由於整體呈現通貨緊縮傾向，所以東西很難賣得出去」的這種總體（macro）的觀點，也會實際前往麥當勞（McDonald's），以個體（micro）的角度觀察「哪一種類型的顧客買了幾個哪種漢堡？」。相信聰明如各位讀者一定已經察覺到這正是前面所提到的「假想檢驗」啊！也就是說，能以「雙重人格」一般的方式思考，自然而然就能進行「假想檢驗」的人，能夠很快學會身為管理顧問必備的insight。

不過可惜的是，一開始能以「雙重人格」一般的方式思考，從兩種不同的角度觀察事情的人，實在少之又少。但是，對於自己的用腦習慣有所警覺，再加上適當訓練的話，這是每個人在能力範圍內可以做得到的事。

首先，你必須做的第一步，是想像自己的靈魂出竅之後，整個人貼在天花板往下看。這個「貼在天花板的我」，隨時從客觀的角度，觀察著位於下方那個在「現實生活中的我」的思考軌跡：「現在那個在紅塵俗世中打滾的我，究竟頭腦裡用什麼樣的運作方式在思考事情啊？」。

大家如果想要自我改造成為一名具有假想檢驗能力的人，必須培養這種「從旁觀者的立場觀察自己」的客觀意識。用比喻的方式來說，就像是「靈魂出竅」的感覺一般。

了解自己的動腦習慣

每個人「頭腦的運作方式」都有所不同，每個人之間也有個別差異。大家要認知到

圖表2-8 讓讀者們了解自己用腦習慣的小測驗

這裡一共有四條金鍊子，分別都是由三個環所組成。

要打開一個金環需要花二塊錢，將它合起來則需要三塊錢。

你的任務是把十二個環全都串起來，讓它成為一條圓形的項鍊，但你手上只有十五塊錢。

請問，你會怎麼做？

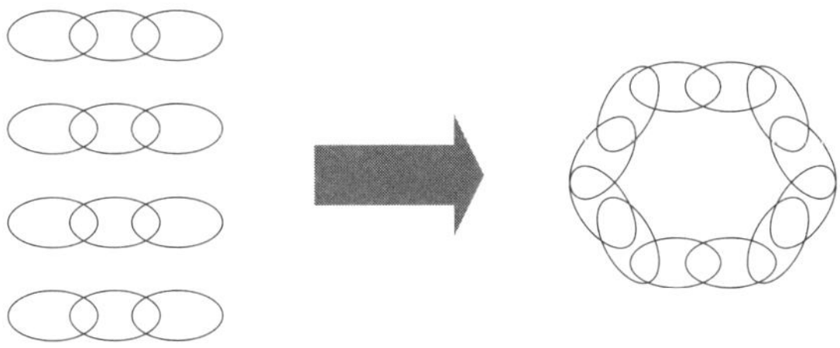

這個事實，首要之務是掌握自己慣用的「頭腦運作方式」，然後，再刻意試試看平常不熟悉，和自己慣用方式完全不同的「動腦法」。

事實上，每個人的動腦方式，存在著大家難以想像的固定習慣。有時候，即使自己一直認為已經用到右腦的直覺思考，但是，實際上卻是以左腦的邏輯思考進行。其實，常常出現用腦習慣與自以為的方式大不相同的情形。

為了讓各位讀者確認自己的用腦習慣究竟是如何，我在**圖表2-8**準備了一個小測驗，希望各位試著做做看。但是，當你思考答案時，一定要記得隨時自我覺察「我目前正在用什麼方式思考？」。

均衡運用左右腦

接下來，讓我來公布這個謎題的解答吧！相信有不少人看完題目後，將打開一個環、合起另一個環思考，認為既然鍊子一共有四條，所以必須在四個接點將它串連起來吧？

然而，若依照這個想法，將一個環打開又合上共計需要五塊錢。要在四個接點將其連接起來，就得花掉二十塊，手上的錢根本不夠用。那麼，正確的做法究竟應該怎麼做？請聽我道來。

首先，將圖片左側最上面那條鍊子全都拆開，變成打開的三個金環。如此，需要的花費總共是六塊錢。接下來，把第二條鍊子和第三條鍊子用一個金環連接起來，再花三塊錢，至此為止合計共花費了九塊錢。

接下來，再把這條鍊子和第四條鍊子用一個金環連接起來成為一條長鍊子，到此為止總共花費十二塊錢。然後，只要再用剩下的最後一個金環把這條長鍊子的頭和尾連接起來，就完成了一個大圓。所用的費用，正好是十五塊錢。

只要拿這個問題出來考別人，馬上就能把一個群體分成「很快就解出答案的人」、「花很長時間思考才想出解答的人」以及「位於中間的人」等幾個很明顯的群組。這個測驗所要研究的，並不是想出解答的時間到底是愈快愈好還是愈慢愈好，而是究竟為什麼人們會分成這幾個群組？

在一次讀書會中，我把這個測驗題拿出來考大家。最快想出解答的A君，思考過程是這樣的（詳見**圖表2-9**）：

A君基於過去的經驗，判斷在這種情況下最好仔細地檢視規定條件，不能以「正常想法」把四條鍊子串起來。接下來，將「十五」這個數字進行因數分解，得到「三」這個質數，在那個瞬間，腦中便浮現出「將鍊子拆成三個打開的金環」這個視覺意象。

圖表2-9 A君的思考過程

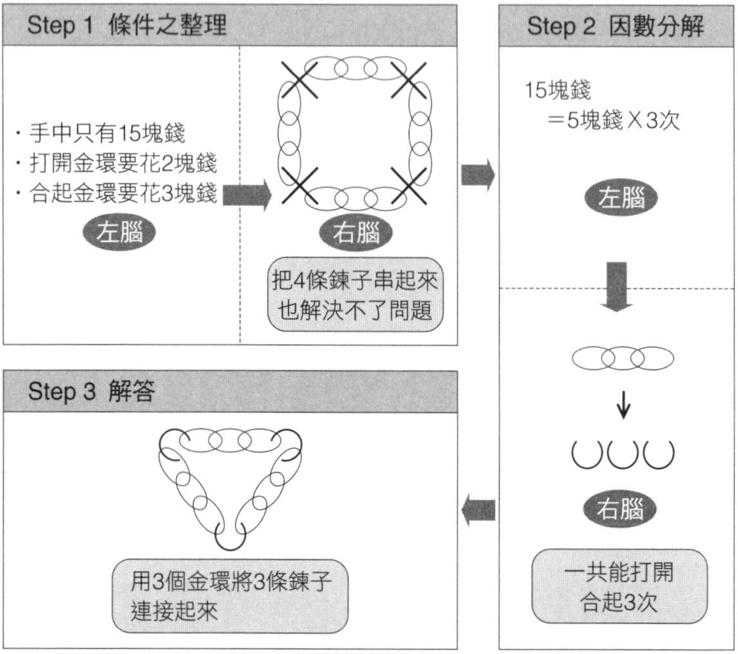

也就是說，A君用的方法，是先用右腦的模式辨認判斷應該先對條件進行檢視，而檢視條件時用來思考的是左腦。接下來再一次用右腦以視覺意象的方式思考想出解答，最後再用左腦進行驗算。

一般來說，在非常短的時間內就解出這個問題的人，分成兩種。一種典型是學過建築的人，因為學建築必須學設計，在累積許多繪製設計圖的訓練後，因此強化右腦的能力。再加上許多擅長理工的人，原本就習慣使用左腦進行結構設計或數字邏輯思考，也就是說，主修建築的人通常是右腦和左腦都很發達的人，所以能很快地推演出解答。

另一種很快解出答案的典型，則是無論其學問方面的背景屬於什麼領域，在向人說明事情時，或是寫筆記時很喜歡畫圖的人，這種是徹底將所有事物視覺化的人。當他們解題時，腦中或者是先浮現出一條鍊子被拆成三個金環，將剩下的三條鍊子連接起來的意象，然後再進行驗證；或者是在計算費用之前，就先把所有的鍊子都串起來看看，走不通的話再把鍊子全都拆開看看……只要兩個步驟左右，就能得到正確答案。

很快地找出解答的人們，都是大部分使用右腦，以意象進行思考，左腦只用了一小部分。相反地，全程都以邏輯方式思考的人，則是以左腦為主導開始思考，在無法用右腦描繪出意象的情況下，硬想用左腦推演出答案，所以無法想到把一條鍊子全都拆掉；直到想出解答為止，需要花上較長的時間。像這樣的人，就是已經養成凡事只用左腦思考的習慣。

希望大家不要誤解，我並不是批評慣用右腦思考或左腦思考的優劣好壞，而是想強調，大家一定在自己思考的過程中，意識到「現在是在用右腦的意象思考或左腦的邏輯思考」，或是刻意讓思緒在右腦與左腦之間自由來去，這是一件很重要的事情。

有位學者曾經說過，如果在求學階段或工作時，針對自己的思考方式進行自我訓練，能夠強化同時運用左右腦發想與構思的能力。比方說，原本思考速度很慢的人，可以試著思考看看，究竟有沒有什麼方法，刻意加快自己的思考速度。把自己原本習慣以左腦思考的事情，硬生生改以右腦進行視覺思考的訓練，這是非常有效的自我改造方式。

檢視思考的過程

請容我再向大家重複強調一次，**圖表2-8**的金項鍊問題，重點並非答案是否正確，而是透過思考的過程讓自己了解「究竟我是以什麼順序？想些什麼事情？得到最後的答案又是什麼？」這一連串的思考過程。

如果這個小測驗是在公司之類的地方以討論方式進行的話，相信大家會發現，原來，每個人都有一些會令人大吃一驚的用腦習慣。因此，提醒自己「究竟是以什麼樣的方式思考而得到解答？」」，並且與其他人的思考過程比較看看，你就能了解到別人和自己的思考過程有所不同。人們常以為周圍的人們思考方式和自己相同，不過，事實並非如此。

不了解自己的思考過程究竟如何的人，可以試著一邊思考、一邊唸出聲音給自己聽。如此一來，就能知道自己的腦子如何運轉，也能了解一些原本自己沒有察覺的事。或是一邊思考、一邊唸出聲音請別人旁聽，然後請對方對於自己的思考過程提出批評與指教。刻意進行這種改造思考習慣的練習，以客觀的角度了解自己頭腦的運作方式，對於學習各種動腦法也能發揮很大的作用。藉由這樣的訓練，也能加快思考速度，加強身為策略家的實力。

建議各位可以閱讀多湖輝所寫的《頭腦體操》系列（《頭の体操》，中譯本由商兆文化出版），能夠藉由這種訓練動腦方式的教材，了解究竟自己用右腦解題？還是左腦解題？閱讀《頭腦體操》系列的同時，不妨也對身旁的人說明自己的解題方式，如此一來，相信閱讀的效果會非常好。尤其主修理工科系，又是那種拿到大量資料時總能從中得到些什麼答案的人，做這種訓練的話，大多都能變得可以同時善用左腦與右腦。

建議各位，馬上就開始練習同時善用你的左右腦吧！

刻意進行鍛鍊以提升思考速度

為了更有效率動腦並且鍛鍊策略思考，必須平常就留意自己動腦方式有什麼習慣或是可能有什麼弱點？並且，積極主動強迫自己用不同於平常的方式動腦思考。

比方說，有人擅長右腦的視覺思考，有些人擅長左腦的邏輯思考。但是，清楚了解自己究竟缺乏哪些部分？同時致力於自我改造思考方式的弱點、持續鍛鍊思考的人卻極為少見。

理解概念詞彙、以右腦視覺思考建構假說，再以左腦進行邏輯驗證，能夠完美純熟活用這三個動腦法的人，實在少之又少。大家如果能找出這三者當中，自己比較不拿手的「罩門」，隨時提醒自己補強，就能提升思考的「速度」。最重要的是——持續做、不中斷、就有效。

第三章

用三種視角強化策略發想力

The BCG Way—The Art of Strategic Insight

1 用三種不同的視角看事情

改變觀看的方式，發想獨一無二的策略

讓我們再來確認一次，insight的要素如下所示：

公式2 insight＝速度＋視角

在前面第二章的部分，我已經針對產生insight所需的「提升思考速度」，為各位進行了說明。在本章裡，我將針對另一個重要要素——掌握各種現象的「視角」——進行

介紹，解說如何學會這些視角的方法。

所謂的「視角」（lens），指的是為了實現獨一無二的策略所必須採取「看事情的方法」。

其實，我們每個人都在不知不覺中，養成了透過某種刻板視角觀看事物的習慣，就像是眼前彷彿裝著各種無形的鏡頭或鏡片一般。因此，思考事情時，經常慣用自己擅長看事情的角度來思考所有事物。

然而，觀看事物的視角並非僅只一種。就像眼鏡一般，有適合看近的凸面鏡片，有適合看遠的凹面鏡片，也有適合看暗處物體的濾光鏡片……等，可以說什麼樣的鏡片都有。只要換個鏡頭或鏡片看事情，視角就截然不同，許多至今未曾留意的各種現象，都能看得一清二楚。

因此，強化insight的捷徑，就是在觀看事情時，千萬不可以只用自己平常慣用的視角，而是要刻意使用其他視角觀察事物。

九種典型視角與使用方式

在本書中，為了幫助大家建立視角，發想獨一無二的策略或假說，歸納三個公式如左：

公式4　視角＝「廣角」視角＋「顯微」視角＋「變形」視角

這三個視角，分別是「能擴大眼界的『廣角』視角」「能深入聚焦的『顯微』視角」，以及「能夠自由思考的『變形』視角」。典型的運用方式，合計則共有九種（詳見**圖表3-1**）。

只要依照眼前的情況善用這些視角，甚至，過去原本習於某種思考模式而未曾想過的概念也會變得鮮活起來。這三個視角，正是讓人能發想構思獨一無二策略的重要武器。

圖表3-1 帶給你獨特觀點的視角

廣角	顯微	變形
善用市場白地	徹底化身為使用者	反向操作
擴張價值鏈	有效運用槓桿	尋找異質點
以進化論思考	找出穴位	以類推方式思考

平常要是我們不刻意去提醒自己的話，頭腦的運作方式會變得愈來愈僵化，最後會再也無法踰越既成的框架來思考事情。

讓我們把這三個視角記在腦子裡，時時訓練自己，讓自己能發想超越以往思考框架的獨特思想吧！

2 擴大眼界的「廣角」視角

(1) 善用市場白地

▼你不認為是「市場」的地方，才更要注意！

在**圖表3-2**這張圖裡，畫了一個如同一片比薩放在盤子裡一樣的圓形圖。假設我們所屬的自家企業正在爭奪的市場，是位於這張圖內側實線所畫的圓形比薩部分，而已經攻城掠地、插旗稱王的市場是塗成灰色、像是切下一塊比薩的那個部分。

在這裡，最重要的概念是將自己以往不認為是市場的部分——也就是從比薩的外面一直到盤子邊緣的虛線部分——重新定義成為自己的市場，養成依此基準發想出新點子的習慣。像這樣的思考法，即為廣角視角的一種；而位於比薩外側的盤子空間，便稱為「市場白地」（White Space）。

舉例來說，一般人對盛上比薩後凸出比薩外圍的盤子空白部分，並不會有什麼特別的注意。但是，具有創造力的主廚，卻能活用那塊位於比薩外側的盤子空間，擺上沾醬或配菜等，強化料理的整體視覺美感，或能刺激饕客的食欲。我們也應該學習這一點，別再總是只關心怎麼讓自己那一塊比薩變得更大塊，而是要試著養成思考「在整張比薩的外側，有沒有更具魅力的區塊？」的思考習慣。同樣的，在管理策略上也是一樣；在一般「看得到」的範圍之外，還存在著足以發揮創造力的市場白地的案例不勝枚舉。

▼【案例】卡夫食品搶奪天然乳酪市場

圖表3-3是一個善用市場白地的例子。一九八二年，卡夫食品（KRAFT Foods）在美國銷售了一億四千萬磅的加工乳酪，貢獻營收約四百八十億日圓，這家公司在加工乳酪這項產品領域，過去維持大約十年持平的營收水準。然而，經過十二年後的一九九四年，該公司加工乳酪的銷售量卻已成長到三億磅，營收約一千二百億日圓。以重量來

圖表3-2 擴大眼界思考——市場白地

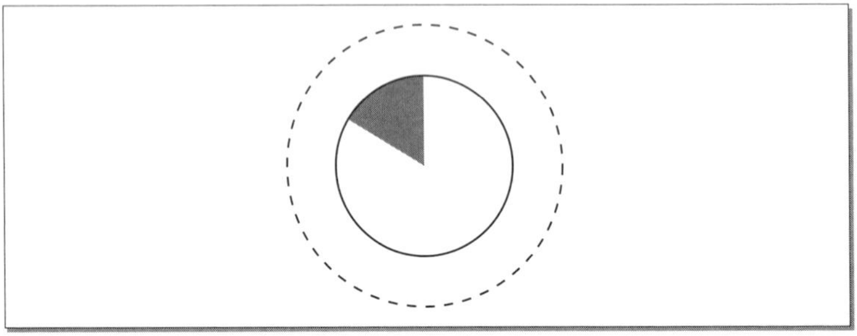

圖表3-3 卡夫食品公司之案例——市場白地

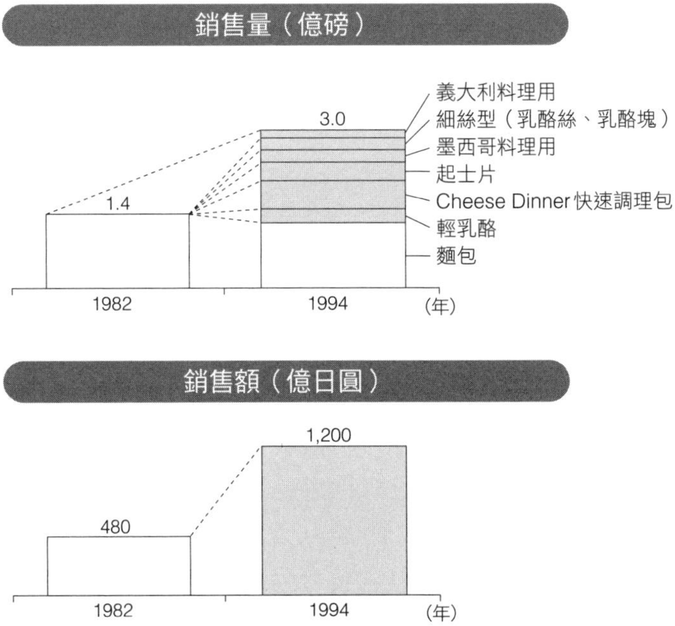

©波士頓顧問公司

看成長為兩倍，以金額來看成長至二．五倍……如此大幅度成長的祕密，究竟是什麼？

其實，卡夫食品所做的是把本身公司的產品線擴大，搶攻原本使用天然乳酪的消費市場。

比方說，推出製作義大利料理時方便使用的是容易融化的乳酪，或是適合拿來製作比薩使用的細絲乳酪，或是一開始就添加好香料的乳酪方便在製作墨西哥料理時使用……等，想出各種形態的加工乳酪商品投入市場。

雖說這是後見之明的說法，不過，這個看似理所當然一般擴大產品線的策略，其實是託「發現市場白地，並對其善加活用」的「視角」之賜，而催生的策略。

卡夫食品首先針對「乳酪是由誰購買？在何種菜色上？用了多少？」以全美國市場展開徹底的調查（詳見**圖表3-4**）。調查結果，使卡夫食品能夠以定量方式掌握如圖所示的兩塊市場——左側部分是原本便使用著已加工為調理用乳酪的「加工乳酪」的市場；右側部分則是仍先購入「天然乳酪」，之後再由消費者自己DIY某些加工過程的市場。

製作三明治時，多數消費者會直接選用已經加工、容易夾進麵包裡的乳酪片；但

圖表3-4 加工乳酪的用途別滲透度

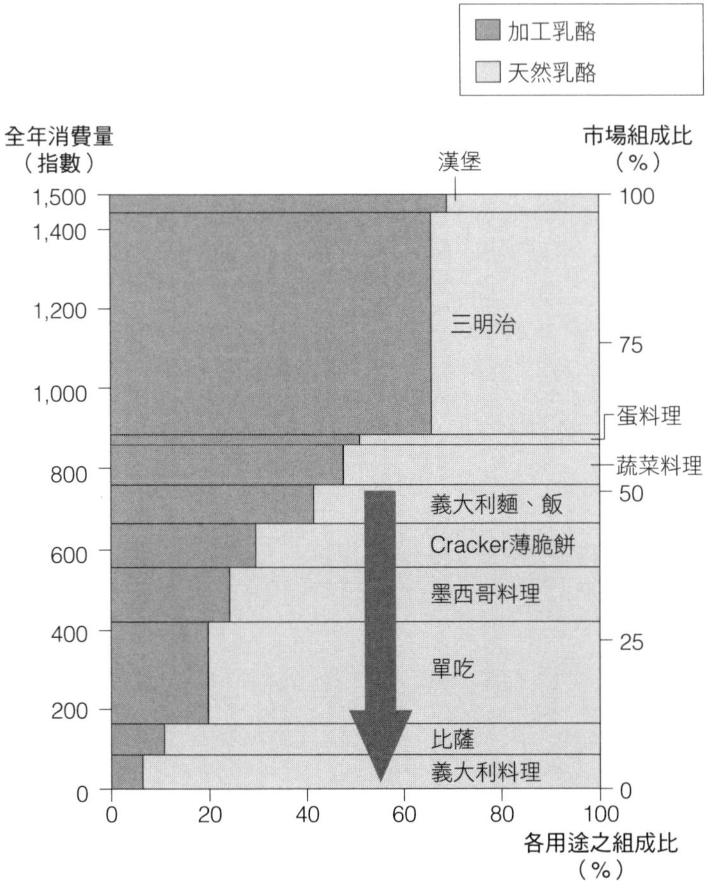

©波士頓顧問公司

是，在其他領域的烹飪方面，消費者還是比較習慣自己動手，比方說，將天然乳酪與其他材料等混合在一起之後才開始使用。

既然如此，比方說以供義大利料理用的產品來說，如果一開始就製作出混合蕃茄與各種香料等的加工乳酪，就有很大的機會能將右邊的天然乳酪市場據為己有的市場。因此，對於卡夫食品而言，原本使用天然乳酪的市場，就是他們的市場白地！

與其在競爭對手多如牛毛的加工乳酪市場搶破頭增加市占率，不如徹底調查市場白地，將原本完全未留意到的天然乳酪市場當成自己的市場思考，以增加整個潛在市場的規模。

當然在實務上，了解市場白地以擴大潛在市場，重要的作業是由全美市場蒐集資料，徹底調查所有會運用到乳酪的具體料理與菜色，並仔細檢視分析究竟哪個領域存在著市場白地。不過，這個成功案例的背後，還是得歸功於一開始那種「放寬眼界觀看所有現象」的思維。試著將自己的盤子放大，以「哪裡存在著市場白地？針對哪裡好好下手的話，自己的市場會變得更大？」的角度來思考，在制定策略時非常有效。

(2) 擴張價值鏈

▼從價值鏈的上至下游完整檢視企業活動

所謂的「價值鏈」（Value Chain），指的是企業進行的各種活動範圍。前述「擴大市場白地」是以市場為思考對象，而這裡的「擴張價值鏈」，指的則是將自家企業的事業領域擴大思考。

以汽車製造商為例，通常價值鏈從商品開發、生產到銷售。但是，公司主要事業的周邊領域，其實範圍應該還比這更廣，有製造鋼板等材料的公司、也有在消費者購買汽車後提供維修或驗車服務的公司，或是銷售汽油的公司……等。

事實上，車主勢必得付錢給這些提供售後服務的公司，所以，在本業的企業活動領域之外，也存在著許多商機。

換句話說，只要將自己公司的價值鏈往上游回溯、往下游延伸，就有各種可能的經營模式——這樣的思考事情的方法，就稱為「將價值鏈擴張思考」（詳見**圖表3-5**）。

圖表3-5 擴大眼界思考——價值鏈

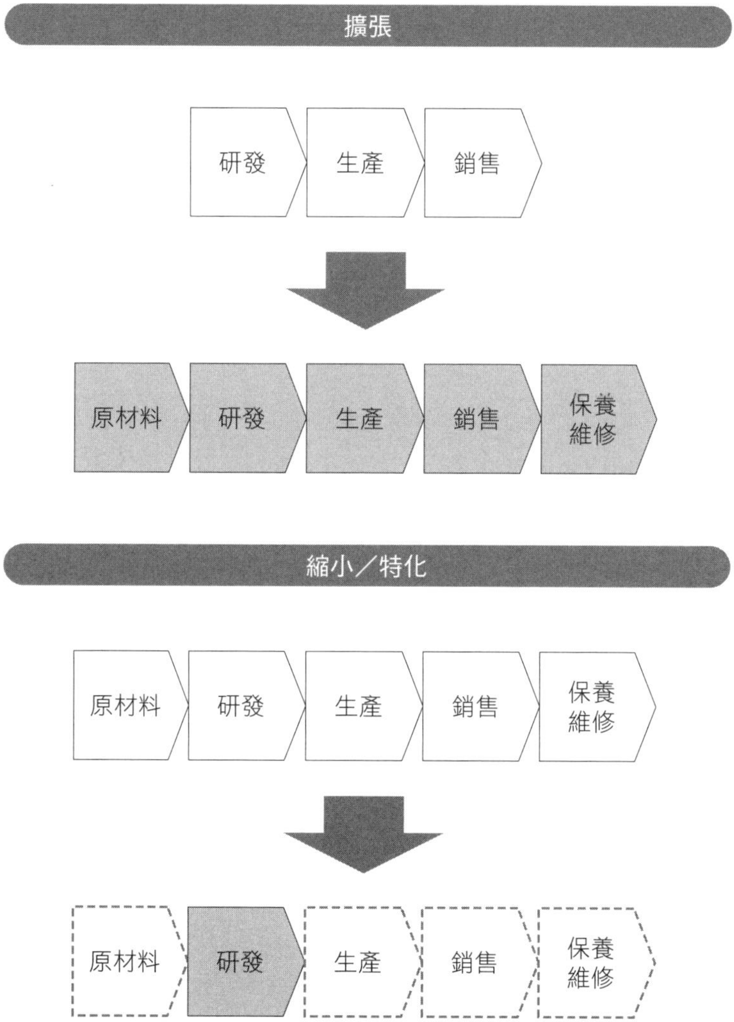

相反的，企業經營也存在另一種策略，那就是「縮小價值鏈」。

以電視機製造商為例，在電漿電視與液晶電視問世之後，製造開發電視機的行業漸漸起了大幅度的改變。舉例來說，開發電漿顯示面板需要高額投資，而為了減少這項投資風險，松下電器（編按：現已統稱為Panasonic）與東芝（Toshiba）合資成立一家專門開發電漿顯示面板的公司。然而，開發出來的電漿電視，其行銷、銷售與維修分別由兩家公司自行負責，兩家公司的品牌亦都仍繼續活用，並沒有任何改變。

也就是說，這兩家公司選擇的策略，是將價值鏈的一部分業務與其他公司共同進行，縮小自己公司的事業領域（價值鏈）。

不斷開發新技術的同時，各家公司擁有不同專利的現代社會，究竟哪個技術能成為最後的優勝者，不到最後關頭無法見分曉。

各位讀者可以想想，過去，像是錄影帶市場VHS與Beta之間的戰爭。雖然，現在我們已經知道最後是由VHS規格勝出，但是，當時競爭激烈，雙方你來我往、互不相讓。如果無法知道複數的技術或標準裡，究竟哪一個才會成為最終的業界標準，那麼，花下大筆研發費用，以多種技術相互較勁的風險實在非常高。不過，如果擁有不同技術的兩家公司能夠攜手合作，無論後來哪個技術勝出，都不會造成問題，投資效率也更高。

現在的時代，已漸漸成為往「基於縮小價值鏈的理念，設立專門從事研發的公司」策略方向發展的時代。

無論是什麼業種，擴張價值鏈、重新思考從上游到下游究竟應該把哪些業務納入自家公司事業領域的這種「視角」，變得愈來愈重要。

▼【案例】擴張價值鏈的豐田汽車

讓我們以豐田汽車做為具體案例，來對這個概念進行思考。豐田原本是把汽車的研發、生產、銷售，以及一部分的售後服務做為企業的事業領域。然而，現在的豐田汽車則是立下「不畫地自限於汽車的製造與銷售。如何在客戶擁有汽車的這段時間裡賺到錢，才是思考的重點」這個目標，不斷擴張其業務領域。

豐田集團成立了「豐田財務公司」（Toyota Finance Corp.），將觸角伸進車主買車時的車貸服務；發行稱為「TS Cubic Card」的信用卡，讓持卡人能在加油時使用這張

圖表3-6 豐田汽車業務領域示意圖

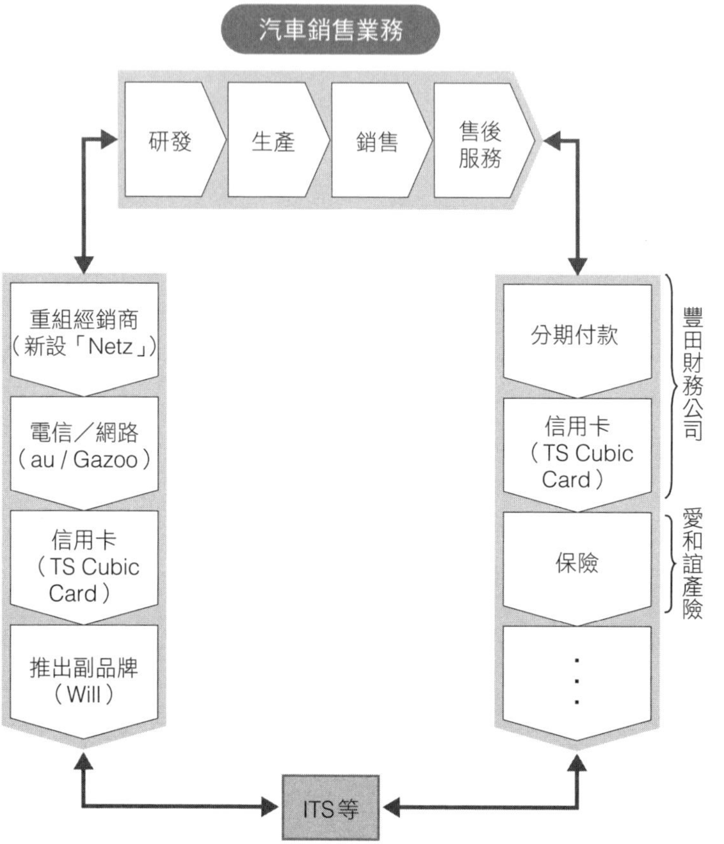

「不畫地自限於汽車的製造與銷售。

如何在客戶擁有汽車的這段時間裡賺到錢，才是思考的重點」

©波士頓顧問公司

卡。接下來，甚至收購產險公司，使這個集團連在產險部門都有收入進帳（詳見**圖表**3-6）。

有愈來愈多的企業，藉由前述擴張價值鏈以思考事業領域的方式，重新思索自家企業究竟能在「哪些領域？」「做哪些事情？」，即使身處已經成熟的市場，也能達到讓事業再度成長的目標。

(3) 以進化論思考

▼以長期時間軸觀察市場

所謂以「進化論」思考，指的是以和平常不同的長期時間軸來觀察事物。比方說，讓我們以進化論的觀點，對電子商務（EC，e-commerce）進行分析。

如果我們把畫在**圖表**3-7裡的S型曲線以達爾文（Charles Robert Darwin）的進化論的角度來看，那麼，圖中下半部分所表示的是「物種爆發期」。也就是說，如果以鳥為例，就是鳥類大量增加到幾百種的時期；如果是恐龍的話，就是恐龍大量增加到幾

圖表3-7　電子商務處於「物種爆發期」

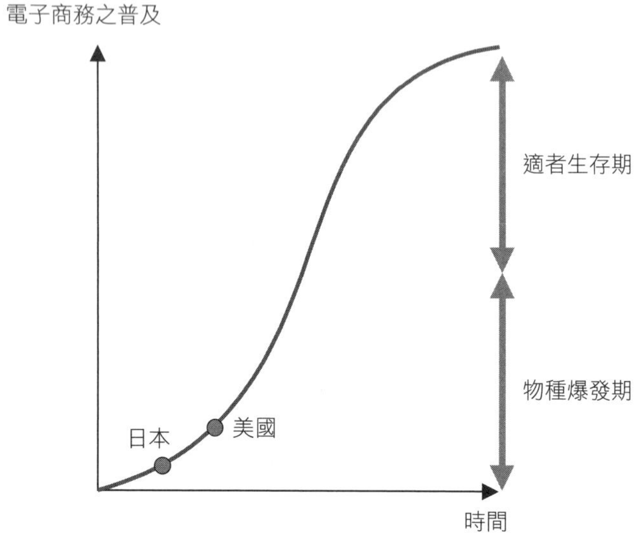

光是模仿美國，不保證一定就能成功

千種的時期。

而在物種的爆發期之後，也就是圖表的上半部，緊接進入「適者生存的淘汰期」。也就是說，唯有能適應環境的物種，才能繼續存活下去的時期。

當初，連日本也開始盛行電子商務的時期，出現一種資本市場遊戲——想辦法比其他人更快了解美國正在流行的經營模式，並且複製到日本，募集資金成立事業，最後在資本市場掛牌，大賺一筆。

然而，如果我們以進化論的

觀點分析電子商務，其實，當時處於「物種爆發期」，尚未開始進入「適者生存的淘汰期」。也就是說，即使在美國，「電子商務」這種運用網際網路的營運模式也如雨後春筍般出現。但是，真正能夠成功的營運模式，可能連萬分之一都不到。在那種情況下，比美國稍微慢一步的日本，完全複製美國的營運模式，說穿了，只不過模仿失敗機率高達萬分之九千九百九十九的營運模式而已，根本毫無任何意義，最後，大家看到的是電子商務泡沫化的結果。

換句話說，即使模仿美國正在流行的營運模式，也不見得一定就能成為贏家。深入思索符合日本市場特性的「進化版電子商務」，另外創造適合日本國內的營運模式，成功的機率比完全模仿還高得多。

▼【案例】能在日本適者生存的愛速客樂

在日本，愛速客樂（ASKUL）這家專門銷售辦公用品與文具的公司，至少一直到愛速客樂開始呈現大幅成長的階段為止，在美國並不存在與愛速客樂一模一樣的商業模式。

美國的辦公用品市場裡，原本便存在一律低價銷售的歐迪辦公（Office Depot）或遨飛（OfficeMax）等零售商。

但是，當時的日本並不存在像歐迪辦公或遨飛那樣的辦公用品零售商。大型企業只要打個電話向進貨商下訂單，隔天東西就會以定價打六折的價格送到。但是，如果是中小企業，只能以定價在街上的文具店購買——日本商業界裡，一直以來存在於這個巨大的落差，因此，愛速客樂瞄準辦公用品市場設定商業模式，並且提供交易機制，讓無論再怎麼小的企業，也能享有「低價買進」的價格優惠以及「快速送達」的時間利益。

不僅如此，愛速客樂還善用街上的中小型文具店，除了讓他們為自己開拓新客源外，還承擔授信風險。這種商業模式，是個在美國不可能存在，但反倒能在日本國內適者生存的模式。再加上當時日本還沒有像歐迪辦公一般大型低價文具商展店的時代，在受到「大店法」限制之下，才有可能充分發揮的營運模式（譯注：「大店法」為「大規模零售店鋪法」的簡稱，已於二〇〇〇年六月廢止。用以規範大規模零售店鋪的事業活動，以能適當保護消費者利益，以及該店周邊中小型零售業者的正常發展）。

▼以進化論思考，有助於掌握稍縱即逝的商機

以進化論思考的視角，不僅在電子商務領域，在其他各種領域也相當有效，這也是實務上經常運用「思考事情的方法」。

圖表3-8的橫軸表示某地區的一個家庭的平均收入，縱軸則表示一個世代平均一年裡購買多少該項商品（且稱為X）的數量。

許多商品的銷售量變化，都是剛開始先呈現較平坦的曲線，後來漸漸快速擡頭，成為進化論般的S型曲線。而實際上這張圖表中所表示的商品，也是在印度地區幾乎都還沒什麼人購買，在中國的都市地區或泰國一帶是銷售量剛開始成長，而在經濟狀況像巴西那樣的國家，則呈現銷量快速上升的一種商品。

舉例來說，如果我們善加運用這種特性，就能預測出在世界各國裡，哪些國家的市場之銷售量會在三年後呈現爆量成長。

「與其投資在不知多久之後將來可能會有商機的印度，不如投資在銷售量就要開始快速成長的新加坡。至少，以目前這個時間點的投資效益來看，相對來說，新加坡是比較重要的市場。」像這樣以「進化論」的角度思考，能幫助我們針對投資的時機和順序

圖表3-8　市場進化階段分析之示例（商品X之消費量）

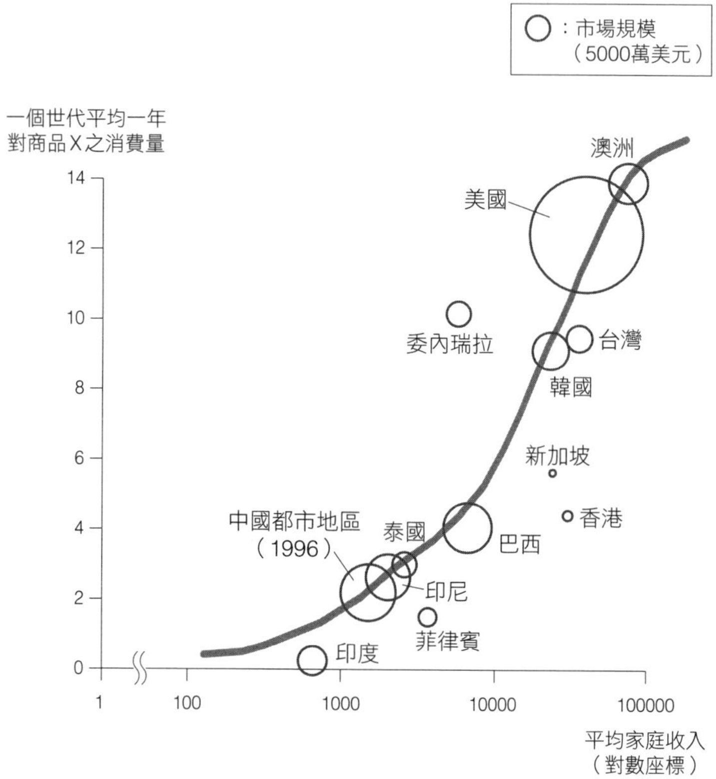

©波士頓顧問公司

做出適用策略的決策。

在「以進化論思考」的視角方面，相當具有代表的是本田汽車（Honda）的思維。到目前為止，本田汽車根據過去累積的經驗，了解到一個事實，那就是當平均國民生產毛額（平均每人GDP）達到一定的水準之後，摩托車的銷售量必定會爆量成長。因此，本田汽車就在某國的GDP即將到達「某個」水準之前，進入該國市場，在當地成功建立本田的品牌。

再接下來，本田也掌握到當平均國民生產毛額達到一萬美元時，汽車的銷售量就會爆增。所以，本田汽車也許過去在某國僅靠著銷售摩托車獲利，但是，當預期再過兩、三年之後，該國將開始流行汽車時，本田便會開始活用已在摩托車市場成功的品牌，準備建立在該國汽車市場也能橫掃千軍的營運體系。

想必大家每天都被繁忙的工作困住身心，很容易讓人變得目光如豆，看事情的眼光短淺，頂多只到未來五年左右。但是，我們有必要偶爾將時間軸大幅拉長，仔細思考，究竟是不是有什麼能夠發揮嶄新策略的餘地？

能夠幫助你熟記這種視角的最好訓練，就是深入閱讀基於歷史宏觀角度所寫成的著作，並且深入學習書中觀看事情的角度。

所謂「好的歷史書」，或是以宏遠的歷史觀為基礎的著作，有個共通點，那就是當作者思考現在或過去的某個時間點時，他們的視角，往往先從漫長的時間軸找出現在的定位，思考究竟「歷史上的今天」是基於什麼樣的因素而產生？然後，再以該因素為基礎思索未來。

比方說，日本作家網野善彥在其著作《日本社会の歴史》（暫譯為《日本社會的歷史》，岩波書店出版）一書中，對於市場、交易、行情與股票等商業用語，完全不使用現代從外文翻譯而來的外來語，全都用古代、中世紀時就存在的日文詞彙，指出日本長期以來，就存在著高度發達的經濟運作系統。然後，再基於這個長期的視角，進而研究明治時代之後的「日本近代化」。

或者是，查爾斯．金德爾伯格（**Charles P. Kindleberger**）所著的《*World Economic Primacy: 1500-1990*》（暫譯為《世界經濟霸權：一五〇〇至一九九〇》，牛津大學出版），或由保羅．甘迺迪（**Paul Kennedy**）所著的《霸權興衰史》（*The Rise and Fall of The Great Powers*，中譯本由五南出版）等書，都是綜觀自西元一五〇〇年左右至現代的大國興衰，重新審視現代經濟大國走進窮途末路的著作。此外，像是堺屋太一在論及「智價社會」時，竟然是由一萬年前農業起源的時代開始講起（請參閱《東大講義録——文明を解く——》，暫譯為《東大講義錄——文明的深度分析》，講談社出版）。

為了制定出獨一無二的管理策略，我們需要以更長遠的時間軸，綜觀市場的全盤進化狀況，找出我們的機會！

運用「廣角」視角的練習

到目前為止，所描述的視角以及其使用方法的典型案例，都是為了提升大家培養右腦insight的思考工具。為了將思考工具更加運用自如，所需要的不只是對各種視角的種類進行理解，真正重要的是實際操作。

在這裡，我希望各位讀者能夠藉由一些簡單的思考測驗，試著體驗看看自己實際運用「廣角」視角的感覺。

首先，讓我先假設一個情境。

假設，你在一個小鎮裡經營一家麵包店。在同行競爭的環境中，你必須做些什麼事情，以能提高麵包店的業績。現在，就請你試著實際使用各種視角，思考該進行什麼策略吧！

【問題1】善用市場白地

到目前為止，你的麵包店為了提高營業額，從最擅長的土司麵包，到法國麵包、牛角麵包、甚至是各種水果麵包等，不斷增加店內陳列銷售的麵包種類，但是成效不彰。面對這個情況，你該怎麼做？有沒有什麼方法能夠不受到過去市場框架——「麵包」——所限，拋開自己一直拘泥的範圍，好好善用這塊位於框架之外的「市場白地」？

●解答範例

你不妨這樣思考看看，有沒有什麼商品領域，是需要烤箱、揉麵粉的技術？而且，使用的材料與麵包類似？但是，同一個商圈之內同業較少的事業領域？

如果同一條商店街內尚未出現蛋糕店的話，你不妨考慮推出手工泡芙為新的推薦商品，也許效果會不錯。只要活用到目前為止所累積的技術，要把外皮烤得酥脆、滿滿灌入加了許多香草籽的卡士達醬、完成一顆美味誘人的爆漿泡芙，相信對你來說，應該是一件輕而易舉的事情。

重點是不要讓自己的思緒，只侷限在不斷往「麵包」這個領域細分下去的狀況。只要將思考的範圍擴及周邊商品的領域，也許你會發現，新商品竟然能夠帶來意外的成長商機！

【問題2】擴張價值鏈

正當新推出的爆漿泡芙大受常客好評時，沒過多久，隔一條街之外卻開了一家大型超市，吸走大量人潮，使得原本前來這條商店街消費的客人不斷減少。

請大家思考看看，有沒有辦法運用「擴張價值鏈」的視角，讓你的麵包店恢復原有的營收規模？

●解答範例

如果把目前包含「製造、銷售」的價值鏈，往下一步延伸到「宅配」的話，效果不知會如何呢？

針對因為超市開幕而變得較少到商店街消費的舊常客們，以電話或傳真方式接受訂單，把麵包或泡芙等商品，宅配到熟客家中。這種方式，最適合用來奪回那些覺得「想要享用好吃的麵包，但是，卻懶得在大型超市和商店街兩邊跑」的顧客。另外，也許可以因為宅配服務，因而開拓銀髮族或家有嬰幼兒的家庭……等新客層！

當然，為了將宅配成本控制在最低限度，像是規定宅配的最低訂購數量，或是雇用打工的學生族以自行車宅配等，都是可以採用的配套措施。

【問題3】用進化論思考

靠著泡芙新商品和宅配這兩項策略，你的店總算暫時穩住陣腳，營運狀況目前都還算順利。你打算利用這個機會，好好思考這項業務的未來，制定中期營運策略，想辦法脫離目前「開在逐漸凋零的商店街裡的麵包店」這種現況。請各位試著以消費者進化的角度，構思出可行的策略方案。

●解答範例

如果我們綜觀古往今來的趨勢，是否能夠發現那種「將來消費者需求將發生大幅度的變化；如果能順利搭上順風車，商店營收將大幅成長」一般的商機？

在這個市鎮周邊，高齡化的腳步應該也跟其他地區一樣，持續加速中。目前有看護定期照護的銀髮族專用大樓開始出現，或者因為繼承遺產的關係，使得一整區老式舊平房改建成四、五間新建住宅……等，可見社會趨勢不斷變化。如此一來，發想的策略也可以隨之調整。比方說，鎖定銀髮族的食材宅配服務，雖然目前還不是成熟的市場，但是，當團塊世代（譯注：生於一九四七年到一九五一年之間，也就是第二次大戰結束後日本的戰後嬰兒潮）有朝一日成為銀髮族，就有可能成為主要客層時，需求將會突然快速成長——這種事情，難道沒有可能發生嗎？

如果你能夠藉由宅配服務，巨細靡遺掌握附近客戶的家族結構與家族成員年齡層的資訊。然後，為了準備將來「那一天」的來臨，你可以暫時先以所有世代的客戶為對象，然後漸進式逐一牢牢綁住這些團塊世代的客戶。先投入幾年的時間準備，慢慢將銀髮族需要的食材，逐步加入可提供宅配服務的產品項目裡，最後，則在市場需求即將爆量成長之際，毅然決然轉換現有的業態。這種策略，你認為如何呢？

或是，你觀察到日本為了解決少子化與高齡化造成人口減少的問題，推估日本政府極有可能將來會接受外國移民，所以，趁現在開始銷售外國人比較常用的麵包配料食材，靜候需求爆發的那一天來臨，這也是一種可行的策略選項。

3 深入聚焦的「顯微」視角

(1) 徹底化身為使用者

▼掌握購買行為的全貌與細節

接著我為大家介紹的是，應用「深入聚焦的顯微視角」以思考事情的第一個方法，那就是「徹底化身為使用者」。

也就是說，當你在想要銷售某項商品之前，要先試著「徹底站在使用者的角度」，思考顧客「究竟是什麼樣的人？在哪裡買我們的產品？為了什麼目的購買？」

在這種時候，我們需要的並不是坐在辦公室裡面對電腦螢幕或資料動腦，而是實際的行動。那就是你一定要站起來、走出去，直接到第一線的現場，親自體驗並觀察「具體的事實」。不斷重複徹底的「首先，要能掌握實際狀況→將獲得的線索進行資料化，並嵌入理論架構中→如果有任何不足之處，再重新展開調查」的作業流程。藉由這一連串的過程，有助於我們發現至今從未察覺的事實。

但是，請大家務必注意的是，千萬別把精力只花在藉由問卷調查或面訪蒐集數據資料的方式上。

企業在開發新商品或前所未有的商業模式之際，有時會進行各種調查，以取得許多的樣本數據資料。但是，這種手法卻沒能讓我們看到廠商推出足以稱之為「劃時代」的革新商品。究竟這是為什麼？原本每個消費者都是互有差異的個體，但是，問卷調查或面訪……等手法，卻是把對「一般大眾」進行的調查所得到的結果「平均化」，使得我們根本沒有辦法從最後的數據資料中，了解這些受訪者的「原貌」究竟是什麼？

所以，大家真正必須做的事情是，首先，要徹底化身為一個既不誑人也不虛偽，有血有肉的真實使用者（顧客），了解顧客究竟真正感受到的是什麼？先藉由「徹底化身為顧客，徹底調查使用者究竟是如何購入商品？」的方式，能夠確實掌握使用者購買行為的全貌與細節。然後，再更進一步探尋顧客們心裡的不滿足、不舒服的地方。也就是顧客平常對於這項商品，其實一直忍氣吞聲、隱忍未發的妥協點。

日本有一位創辦雜誌的推手倉田學，他被稱為「瑞可利（RECRUIT）公司傳說中的『創刊男』」，著有《MBAコースでは教えない「創刊男」の仕事術》（暫譯為《雜誌創刊推手教你MBA沒教的工作術》，日本經濟新聞社出版）。

倉田學在這本書裡，認為行銷的終極目標在於「了解人們沒有被滿足的地方」。如果大家都在找「商機究竟在哪裡？」，與其說是隱藏在消費者需求裡，不如說商機隱藏在消費者的不滿足、不舒服當中。

因此，倉田學總是把「不」開頭的負面詞彙——像是「不服氣」「不愉快」「不相信」「不方便」……等做為關鍵字，持續反覆傾聽顧客的心聲，倉田學藉由尋找出隱藏在「不OO」背後，究竟做到什麼地步才能讓他們感到「讚！」的心情，進而了解該對「什麼人」提供「什麼樣」的商品。

倉田學表示，為了達到這個目的，這種時候最重要的是要把消費者的情感盡可能轉移到自身。比方說，當初在準備創辦女性轉職雜誌《とらばーゆ》（《*Travail*》，暫譯為《工作誌》，瑞可利發行）時，據聞倉田學已經「徹底變身」為女性，感情轉移的程度甚至到他對女性所受到的偏見與歧視，真心感到憤怒的地步。甚至，倉田學講話時，用的是女性口吻。他說，徹底傾聽消費者的心聲，會漸漸對他們產生移情作用，彷彿化身為巫師或靈媒一樣，傾聽的對象會「附身」到自己身上。

倉田學表示，當進入那種類似「靈魂附身」的狀態時，員工們聚在一起進行腦力激盪（brainstorming），會議室裡將成為彷彿幾十位真正的消費者齊聚一堂的盛況，使得腦力激盪的會議室，充滿著「市場」的氛圍——而這才是真正「徹底化身為使用者」的極致表現。

▼受到什麼樣的刺激？以什麼樣的方式購買？

圖表3-9，是徹底調查「當女性在購買一件衣服時，經過什麼樣的過程進而願意購買？」的結果。首先，女性翻閱雜誌廣告，一邊觀察著模特兒的年齡層、外貌與廣告中使用的小物（配件）……等，是否和自己的穿著品味相符，一邊在心裡開始受到「好想買衣服喔！」的刺激。接下來，和朋友聊天討論之後，再一次重新翻閱雜誌廣告，也

圖表3-9 女性成衣客戶的品牌經驗示意圖

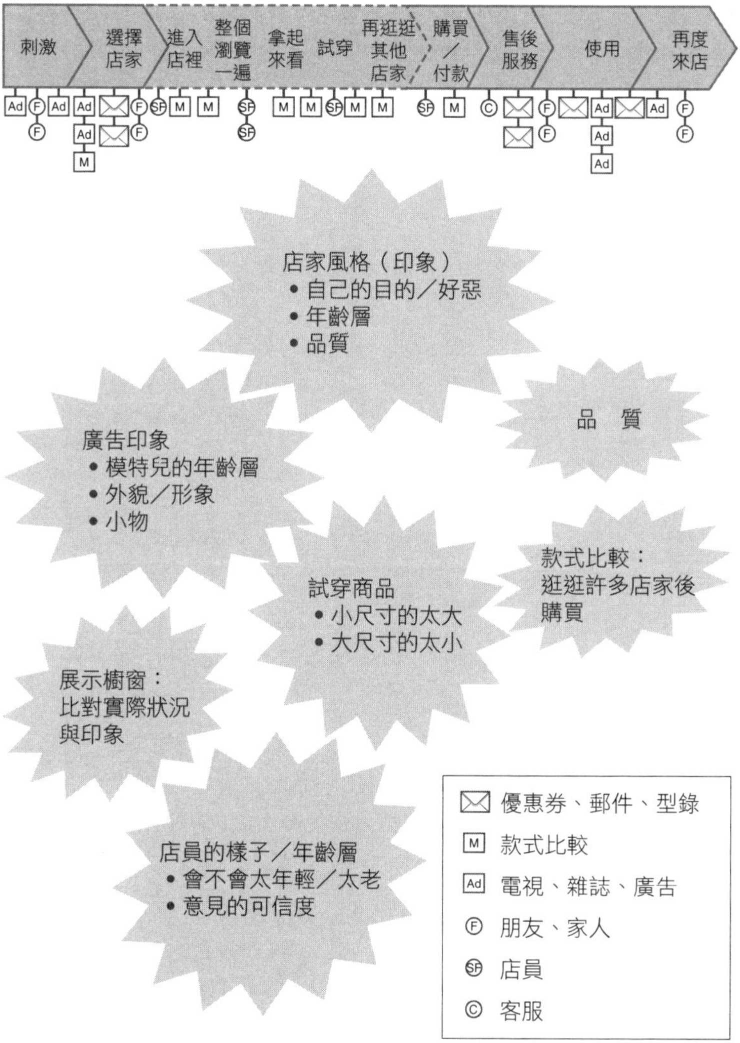

©波士頓顧問公司

更進一步細看店家寄來的促銷傳單（DM，Direct Mail）之後，總算選定準備要去採買的店家。實際進到百貨公司服裝專櫃之後，也會先從遠遠的地方觀察這個櫃位，掌握專櫃氣氛與專櫃小姐的品味之後，才會實際踏進店內，確認商品或試穿。

但是，消費者行為並不像你想得那麼簡單。到了這種時候，女性顧客並不會真的出手埋單，而是會再逛逛幾家擺著類似款式的服飾專櫃，最後再繞回來，將商品買下來帶回家。

如果你是不喜歡逛街購物的男性讀者，也許會覺得上述的女性消費者購買行為，看起來實在很不可思議。

我跟大家說這個案例的用意，是想告訴大家，即使負責行銷或發想策略的負責人完成該做的問卷調查，但是，從「一百名女性消費者的平均值」裡，也無法巨細靡遺觀察到前述的消費者行為。

如果對於消費者究竟「受到什麼的刺激？以什麼方式？」購入自家商品沒有進行徹底觀察，就無法產生嶄新的靈感或獨特的策略。尤其是當需要制定策略的商品，是自己平常不會購買的商品時，更是有必要徹底將自己化身為使用者。

▼【案例】打破消費者購買CD時的妥協點

如果徹底將自己化身為使用者，就能看出消費者在購賣商品的過程裡，其實是隱忍未發、忍氣吞聲做了一連串的妥協。比方說，假設CD的核心消費群——也就是從十二歲到二十多歲的世代約有一億人，每個月會去唱片行一次以上。如果以此數據推估，也就是說唱片行每年會有十二億次左右的業務機會。但是，其中真正有實際消費的購物次數，大概約有五億次。另外約有五億次，雖然消費者進到店裡頭逛，但結果並沒買任何東西；約有一億四千萬次，是消費者已經來到店裡，卻因商品已賣完，所以沒買到想要的東西；約有五千萬次，是消費者進來到店裡後，卻找不到原本想要找的商品。

這其實正是消費者們心中有許多的不滿意、不舒服，但是，為了買到想要的商品，卻又不得不退讓的妥協點。

只要能夠找到這個妥協點，就能開發「讓消費者絕對找得到的CD」商品搜尋系統，能夠增加相當於五千萬次的商機；或是更進一步思考，能否讓購買CD的流程變得更加方便？建構新的銷售通路……等。

舉例來說，只要知道有許多消費者之所以購買一張CD，是因為聽到某電視節目的背景音樂或日劇的主題曲而覺得喜歡的話，就能設計出一種系統，讓消費者在聽到電視或收音機裡播出某一首曲子時，立刻能用手機搜尋歌手的名字或曲名，然後只要按個按鈕，就能把資料全都下載到手機（編按：作者指的是音樂下載服務，例如iTunes或KKBOX。本書完成於二〇〇三年，當時尚未盛行此項服務）。如此一來，勢必能讓消費者能夠更快速、更方便地購買這張CD。

「消費者必須自己特地搜尋歌手或曲名，然後到唱片行去找CD」的這種行為，其實，正是消費者不知不覺的妥協點，但是，可能連消費者自己都沒發現。

就像這樣，在現況下徹底對消費者認為是理所當然的行為，進行詳細的觀察，思考「這是不是消費者的妥協點？有沒有能找到讓消費者更方便的做法？」逐一地刪除消費者的妥協點。只要用「徹底化身為使用者」這種視角看事情，就能實現這個目標。

(2) 有效運用槓桿

▼找出能夠「牽一髮動全身」的施力點

第二個運用方式，是「有效運用槓桿」，也就是思考「該在哪個地方下手，會有最好的擴散效果？」。找出那個牽一髮動全身的施力點，是在構思策略時很重要的一件事情。

比方說，運動用品製造商耐吉（Nike）採用「請足球明星中田英壽等職業運動明星做為品牌代言人，就能吸引許多崇拜他們的一般消費者購買同款商品」這種行銷策略。運用中田英壽的明星魅力，當成行銷活動的施力點，推動幾百萬名消費者，這是耐吉向來非常擅長的策略。以往，耐吉曾經簽下NBA巨星麥可．喬丹（Michael Jordan）做為槓桿施力點，讓空中喬丹（Air Jordan）系列氣墊籃球鞋，深得喬丹迷的青睞，因而大為暢銷。

▼【案例】在中國的小學高年級裡，應鎖定哪些人以產生槓桿效果？

假設我們現在要對中國的小學高年級學生展開行銷，請問各位覺得能夠「有效發揮槓桿效果」的族群，可能會是哪些人？

舉例來說，有些學生的家長，是屬於年收入在十萬人民幣以上的富裕者階級。對其他人來說，屬於這個階級的人彷彿是活在另一個世界，顯得遙不可及，所以這個階級的人反而很難對其他兒童們發揮槓桿效果。由於其他兒童們不可能模仿他們，所以他們對周圍產生的影響力可說是相當薄弱。

我們應該鎖定以發揮槓桿效果的反倒是位於這種富裕層之下、一般中產階級之上的「上流中產階級」。屬於這個階級家庭的兒童們，會買些比其他人更好一點的東西，並且向周圍的兒童炫耀。這種炫耀會激發出驚人的效應——就是以激將法引出「那個人的東西好酷，不過，我也不是買不起！」的心態，而推動這個商品成為全班的流行（甚至成為整個學年的流行）。只要在行銷時能夠好好鎖定這個客層，產生立竿見影的效果之後，也就可以將行銷活動擴及廣大的中產階級客層。

一般中產階級家庭的小孩子們，平常大多妥協於中國的次等品牌或是仿冒品，但他們的心態上總是會想要模仿「還算買得起」範圍內的「略為上層的階級」。

通常我們在尋找能夠「有效發揮槓桿效果」的施力點時，很容易將視線移往最上層的階級。但這個階層對下層的民眾來說，卻常太過於遙不可及。所以我們應該針對在它下一層的那個階級展開行銷，好好讓這些人成為客戶。如此一來，就能發揮槓桿效果，推動屬於「追隨者」那個階級的人們也不斷成為客戶，最後讓公司成為市場上的贏家。

▼【案例】找出組織的槓桿支點以進行改革

槓桿效果在策略上的應用範圍，不是僅限於行銷這塊領域。比方說，請大家想像要對一家業績不振的公司進行改革的情況。假設這家公司原本的主力商品營業額不斷衰退，如果無法提高新商品的市占率，未來可說是一片黯淡。公司的資深主管們，一直以「要是將人力與資金等資源挪到新商品去，做為目前衣食父母的現有商品領域將更為趨弱」為理由，拒絕接受變革的策略。中堅幹部群由於長久以來持續面對著毫無改革意願的上司們，使得自己也都陷入了那種「反正我們公司不可能改變了」的消沈心態。

以這個例子來說，想要改變組織，就算對全公司職員進行精神訓話，恐怕也不會有什麼效果。我們首先應該從中堅幹部裡，挑出幾位原本較受器重、較受大家注意的人，組成一支推動改革的核心部隊。比方說，把這些人刻意集中安排在某個營業處，讓他們放手開拓新領域，並做出成績出來。再基於好成績提拔這些人，替換掉原本那些拒絕改變的資深主管們。

上班族其實是種很有趣的動物。那些原本難以踏出第一步的事情，只要有人實際去執行，並且獲得成功，就會開始有許多人跟進。尤其若是透過清楚可見的人事晉升以傳達高層的想法，很多時候，便會激發許多其他人改變自己的行為。

像這種手法，便是運用「做為改革先驅者的核心部隊」這個槓桿，推動組織全體進行改革。而這，無非便是應用「有效運用槓桿」這個視角。

當我們在用「有效運用槓桿」這個視角構思策略時，重要的是，要因應我們究竟期望達成什麼樣的目標，對「該在哪裡施力，才能事半功倍、產生的最大力量？」這件事，用廣範圍的可能性，養成零基思考（zero base）的習慣。

(3) 找出「穴位」，打通任督二脈

▼誰是你的核心客層？

中醫裡，主張經絡是運行氣血、連結穴道之間的通路，消化、循環系統或心、肝、脾、肺、腎的器官，都有各自對應的經絡與穴道，透過穴道按摩的方式疏通經絡，就能

紓解穴道與經絡對應的系統與器官的不適症狀。比方說，消化系統對應的經絡在背部，對應心臟的穴道位於肩胛骨旁邊……等，只要找到對應的正確經絡，針對穴道點穴，就能對於該經絡或穴道對應的系統或器官產生很大的效果——這就是「穴位」的概念。

比方說有一塊大石頭，只要鑿對某個點，就能讓它裂成兩半；或是「合氣道」裡，只要抓住對手某處，就能以四兩撥千斤的方式輕易摔出對手，這個產出最大力道的施力點，都是我們在這邊所指的「穴位」。這種「穴位」，也存在於企業營運的世界裡。競爭策略的基本信條是「低投資，高獲利」，以這個觀點來看，找到對於公司獲利貢獻最大的核心客層，也就是「找對穴位」是一件非常重要的事（編按：即為找到80/20法則裡關鍵的20）。

▼【案例】金融服務業的核心客層在哪裡？

在**圖表3-10**裡，呈現的資料是對所有的金融服務業來說，各種不同行為模式的消費者分別為公司帶來什麼樣價值的示意圖。

首先，我們設定先決條件是投資在每一類不同客層的成本都一樣，那麼，我們可以

圖表3-10　金融服務業的客戶結構示意圖

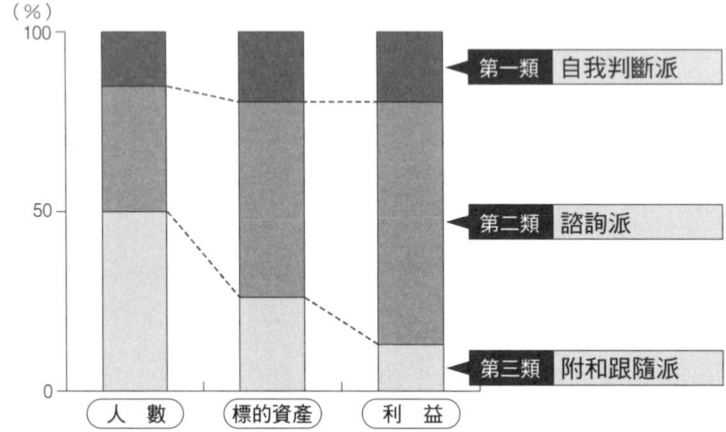

©波士頓顧問公司

判斷第二類客層——諮詢派，也就是在購買金融商品之前，會先與金融機構理財專員仔細討論過後才下決定的消費者，是成本效益最高的「穴位」，也就是他們是貢獻最多獲利的主要客層。

第二類客層雖然在人數上與其他客層沒有太大差異，但是，公司從這個客層得到的獲利，卻是遙遙領先其他類型的消費者。只要掌握客層的「穴位」，就能開始構思以有效率的方式，增加第二類客層人數的策略假說。

比方說，也許以往各分行的業務人力是以「對所有消費者一視同仁」的方式配置，但是，今後可試著為「諮詢派」客層專門設置一個能與理財專員仔細討論與諮詢的獨立空間，並且在該處配置最優秀的理專。或是以往製作的廣告都是以中高年齡層的富裕者階級為假想目標，但是，現在可試著主攻「諮詢派客層」……等。

相反的，放棄將資源投注在「自我判斷派」的客層，撤回為了這個客層所做的投資（例如蒐集與評比資訊的線上交易系統），都是可行的策略。

只要能像這個案例所示，以能看得出各方案在「投入一定的資源，將產生多少獲利」的差異，進而將不同客層進行分類，找出「穴位」的所在，就能由對客層的區隔，衍生出足以成為策略的假說。

▼【案例】增加餐廳的常客

請各位先看看**圖表3-11**中柱狀圖白色部分，是被稱為所謂的「轉換者」（Switcher）——也就是對產品毫無任何忠誠度，總是尋找最便宜的店家購買商品的一群人。而柱狀圖中的灰色部分，則是無論價格如何變化，總是會購買該廠商產品的消費者，我們稱之為「常客」（Repeater），也就是一般所說的「品牌愛用者」。在公司的整體客戶中，若

圖表3-11　增加品牌愛用者以提高獲利之示意圖

以家用雜貨廠商為例

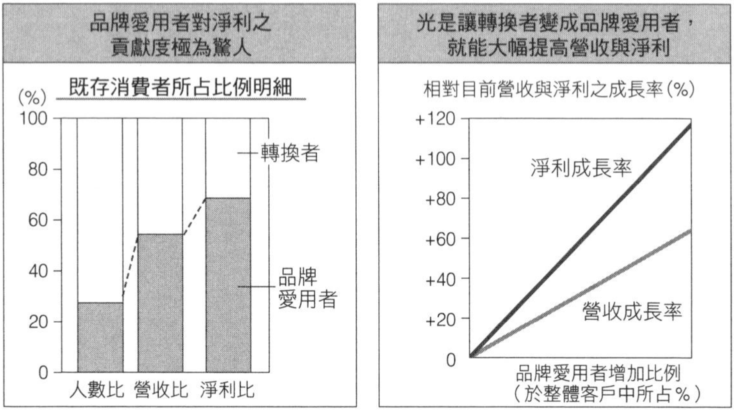

©波士頓顧問公司

以人數來看，常客的比例約只占不到三成左右，但對營收的貢獻卻超過五成，對淨利的貢獻甚至超過七成。

由於轉換者是一群只有在舉辦特賣活動時，才會出手購買本公司商品的消費者，所以，即使對這群人拚命打廣告、推出折扣優惠以銷售商品，對淨利也沒有太大的貢獻。相反的，如果能增加品牌愛用者的人數，將能使淨利獲得大幅度的成長，因為即使不打折，他們也會以定價購買本公司產品。因此，企業應以塑造品牌愛用者（常客）並牢牢抓住常客為目標。

如果能讓轉換者成為常客，究竟能影響公司獲利到什麼程度？有這麼一種說法，在航空公司、旅館、零售業、餐廳等各種業界裡，每增加五%的常客，將牽動淨利成長二十五%。那麼，要讓這些總是在各家業者之間游移不定的轉換者變成常客，究竟有哪些策略可以嘗試？

讓我們以餐廳為案例，想一想如果你偶然進去用餐的義大利餐廳，不但服務非常好，而且結帳時還拿到一張下次來店消費時，酒類飲料全數打九折的優惠券，也許，下次你還是會再去那家餐廳光顧。如果再加上累計消費十次就能得到一瓶香檳的集點優惠，你應該有很高的機率會成為那家餐廳的常客。

然而，即便餐廳的料理還算馬馬虎虎過得去，但是，如果沒有給客人下次來店時的任何優惠，好不容易來店的客人，投入其他類似餐廳懷抱的危險性就很高。為了能讓客人一再來店消費，提供酒類飲料打九折的優惠，遠比打廣告吸引十個新客人來得有效率，對利益的貢獻度也更高。

就像前述的案例一樣，找出成本效益最大的「穴位」，思考應該如何按壓這個穴位，才能產生出最大的效果。這就是「找出穴位」這個視角的運用方法。

運用「顯微」視角的練習

接下來，讓我們再來進行一次運用視角的練習。延續上回的練習，我們以前面提到那家「兼賣泡芙的麵包店」繼續延伸思考。這家麵包店為了儲備未來大幅成長時所需的能量，眼前的課題是如何儘可能增加現金的淨流入。為了達到這個目的，需要更加提高泡芙的營收規模。

【問題1】徹底化身為使用者

為了達到更加提高營收金額的這個目的，請各位試著暫時脫離「製造者與銷售者」的角色，從裡到外變身成為你的核心客層（也就是主婦群）當中的一個人，對泡芙的整體購買行為進行親身體驗。從這裡面，可以得到什麼能夠幫助你的店擴大營收的靈感呢？

●解答範例

「我是一個三十五歲的家庭主婦。會來買爆漿泡芙，也許是為了給我的孩子當點心，也許是自己想吃點甜食……等，每次情況各不相同。

「最近比較多的情況，大概是幼稚園的媽媽們在去幼稚園接小孩下課前的那段時間，大家聚在一起喝茶聊天時，買給大家當點心吃的吧？像這種聚會，我們叫它『媽媽茶』（媽媽族的下午茶）。

「我是在社區內的免費刊物裡看到這家店的報導，雖然並不是住在附近，但還是會開車過來買。畢竟像『媽媽茶』這種聚會，如果不帶一些質感與口味都還不錯的餐點，自己的品味可是會被其他媽媽們質疑的啊！

「這家店的泡芙用的是貨真價實的香草籽，還包著滿滿的卡士達醬，超好吃的！

「不過，最近大家開始重視健康和控制體重，有時候，『滿滿的』爆漿泡芙，會讓人覺得『卡士達醬好像有點太多了』的感覺。要是有提供看起很可愛的迷你泡芙之類的商品，那該有多好……」

如此這般，我們的產品線除了一般尺寸的「爆漿泡芙」之外，似乎還能加上「一口大小的迷你泡芙」。不但反映核心客層女性顧客的瘦身心理之外，還能另外設計適合在需要帶上「伴手禮」拜訪親友的送禮用包裝盒，讓客人帶著泡芙拜訪親友時，展現「看起來很有品味」的質感。依此方式，目標是一方面維持住每次消費的客單價、一方面則增加客人的回購率。

【問題2】有效運用槓桿

不知各位有無發現，其實在這位主婦的購買行為裡，還隱藏著能讓我們活用其他視角以增加營收的線索。請各位讀者試著運用「有效運用槓桿」的方式，思考能夠增加營收的策略。

●解答範例

「善用免費刊物」這種行銷策略，當然也是一種可行方式。但是，「媽媽族的下午茶」這種群體需要，才是一個更該鎖定的大市場。除了因為當場食用的參加人數眾多，使得需求規模較大之外，更值得注意的是，「每位參加者都有可能成為將來的常客」。

那些被公認為「有品味」、相當於意見領袖的主婦們所帶來的甜點，只要吃起來還不錯，就有可能成為下次自己需要買些小禮物時的優先選擇。或是，客人也可能來買回去給小孩或自己當點心吃。

找出在有小孩唸幼稚園或小學的那些媽媽族社群中，或是在學習某些事情的社團或才藝班等團體裡擔任意見領袖的媽媽們，試著對她們提案以優惠價格將產品宅配到「媽媽族的下午茶」聚會地點，也許是個不錯的方法。當然，將商品送到那裡時，別忘了依據在場人數，為每個人附上印著本店地圖的名片，以及其他推薦商品的簡單型錄！

【問題3】找出穴位

接下來，讓我們將目光暫時脫離主婦群，想想有沒有其他「只要能吸引更多這種類型的客人，就能大幅推升營收」的這種「穴位」般的主要客層？

什麼樣類型的客人，還有著很大的成長潛力？

●解答範例

舉例來說，試著將目標鎖定在人稱「辦公室甜點族」的粉領ＯＬ客層如何？假設你留意到有些看起來像粉領族的客人，並不常出現，但每次一來就會買十幾樣點心帶走。跟客人聊聊天後，才知道她們每天下午三點開始公司有午茶時間，這一群粉領族會輪流負責出去購買點心，讓公司同事在午茶時間享用。這位客人剛好就住在附近，上班的公司只離店面一站，所以，當輪到她負責購買當天的午茶點心時，就會專程搭捷運特地來買。

每天十幾人份的這種潛在需求，是個相當值得開拓的市場。

所以，首先我們要開始提供的產品除了泡芙以外，還包括甜點類麵包在內的「每日不同點心組合」的「辦公室外送」服務。藉由提升位於店面周邊企業的「辦公室甜點族」市占率，以實現大幅提高營業收入的目標。

4 讓思考跳脫制式的「變形」視角

(1) 反向操作

▼勇於不同、敢於叛逆

相信大家都聽過股市裡的「反向操作」，這個概念所指的是「低買高賣」（市場行情走低時逢低買進，靜待市場行情翻高時設下停利點脫手，獲利了結）。也就是說，所謂的「反向操作」，就是跟大部分的人做相反之事，危機入市、逢高出場。

在經濟不景氣、不動產價格下滑時，買下房子，等待景氣恢復後房價上漲——這也是一種反向操作。比方說，利用手上有閒置資金時，大量收購條件不錯的出租用大樓房間……等。

市場上說不定有些人，一開始是把高級住宅買下來後出租，但是，後來資金卻無法周轉。面對這種情況，可以向這些把出租高級住宅的房東，以「目前有房客承租也沒關係」的條件，買下這些房子。等到原有房客租約期滿並且搬離之後，重新裝潢房屋，之後看是要用更高的價格租出去，或是等景氣回暖再用高價賣出，這都是可行的方式。

在通貨緊縮之際積極進行併購策略，也是反向操作的一種。在整體景氣惡化時，如果自己手上擁有寬鬆的資金，就能積極收購此時已變得如同風中殘燭的競爭對手。如此一來，就有可能在景氣恢復時，取得壓倒的競爭優勢地位。

在景氣下滑時反而增加廣告量，也是一種可以運用的反向操作手法。讓我們來看看一個美國化妝品公司的案例。在經濟不景氣的一九八九年到一九九一年這段期間，除了封面女郎（Cover Girl）公司以外，包括萊雅（L'Oreal）、露華濃（Revlon）、蜜斯佛陀（MaxFactor）、媚比琳（Maybelline）等品牌，都紛紛刪減廣告預算。但是，唯獨封面女郎這家公司在這兩年之間，將廣告支出增加了五十一％，結果，如同**圖表3-12**下方的圖表所示，使得這家公司的市場占有率上升三．八個百分點。

圖表3-12 在經濟不景氣時反而增加廣告的封面女郎公司

廣告費支出之走勢

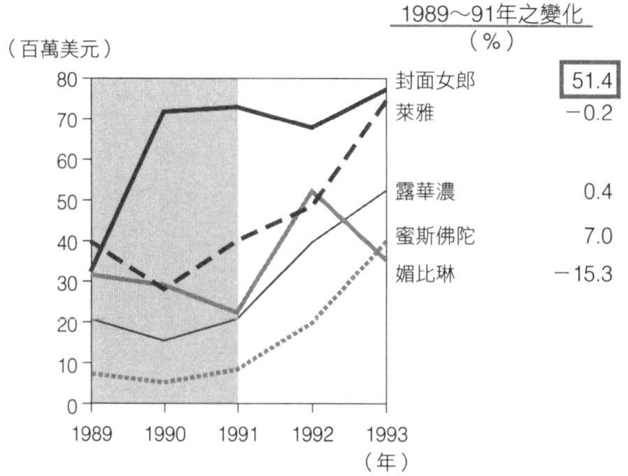

市場佔有率之變化

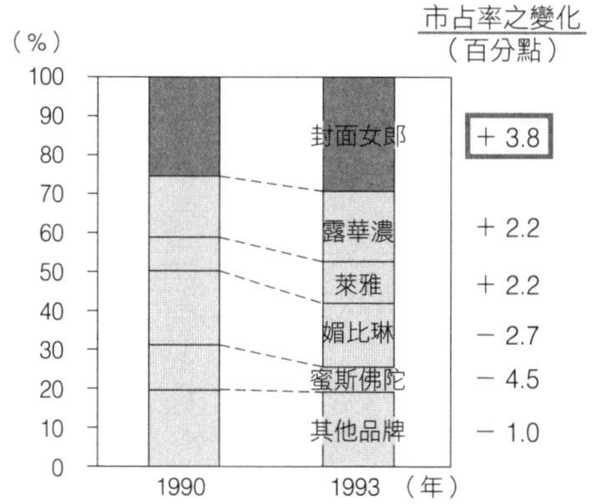

像這樣，當競爭對手刪減廣告預算時，刻意採取反向操作增加廣告支出，先提升市占率，一旦景氣恢復之後，可想而知，必定能在品牌力量上發揮更強的效果。

▼【案例】主攻二級城市展店的愛德華瓊斯證券經紀公司

二〇〇一年由於網路泡沫崩潰，美股股價暴跌，連龍頭券商美林證券（Merrill Lynch）都不得不對營業員進行裁員。

原本一路順利成長到兩萬人的營業員部隊，在這一年裡減少了兩成，只剩下一萬六千人。但是，在證券產業排名居中的愛德華瓊斯證券經紀公司（Edward Jones）的營業員人數，在二〇〇一年這一年卻仍持續增加（詳見**圖表3-13**）；而且，和美林證券相較之下，愛德華瓊斯證券經紀公司的業績並沒有明顯的下滑。

這裡面到底隱藏著什麼祕密？經過一番調查後，我們了解了以下事實：

圖表3-14是一張匯總愛德華瓊斯證券經紀公司銷售通路資料的圖表。愛德華瓊斯證券經紀公司有八十五%的分行，是開設在人口不到十萬人的小城鎮裡。這以一般的券商來說，根本是不可能的情況。像是美林證券，認為市場規模如果太小，將導致效率低

圖表3-13 營業員人數走勢

美林證券

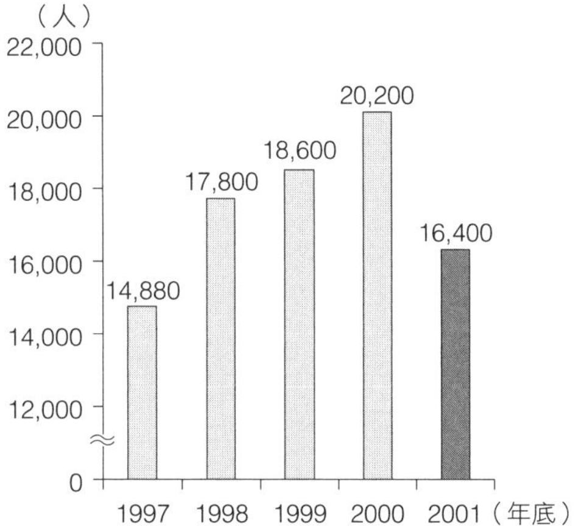

愛德華瓊斯證券經紀公司

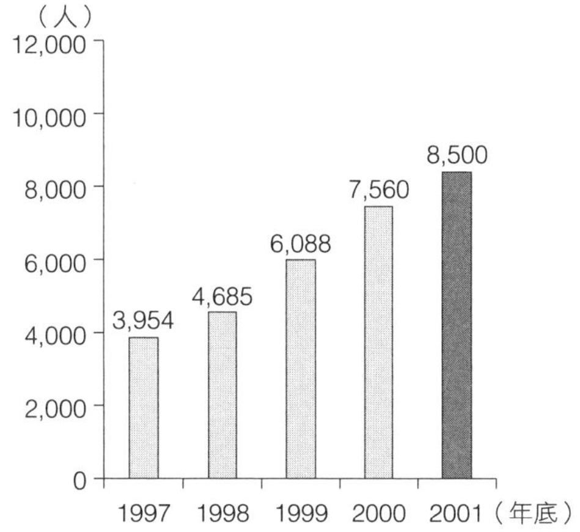

資料來源：SIA美國證券業協會、各公司10K文件（年度業績報告）及網站

圖表3-14　聚焦屬於「競爭之空白地帶」的非都市地區

愛德華瓊斯證券經紀公司的分行分布狀況

所在地之人口規模	分行家數（比率，%）	
200萬人以上	150	（2%）
100～200萬人	190	（3%）
10～100萬人	650	（10%）
不到10萬人	5,630	（85%）
	6,620	（100%）

資料來源：U.S. Census Bureau、Hoover's Online

與經濟效益差的結果，所以，分行幾乎都是設在人口兩百萬人以上，或是一百萬人以上屬於大都會的一級城市。

相反的，即使愛德華瓊斯證券經紀公司並不是網路券商，還是反向操作，大舉攻占人口較少的二級城市展店。

為何這家券商能辦到這種事？當然，其中一個因素在於愛德華瓊斯證券經紀公司所謂的「分行」，有許多是只有兩名員工左右的超小型分行，固定成本非常低。但是，真正最重要的關鍵點，是在於該公司的人事政策。

該公司的員工，以原本擔任牧師或學校老師等職業，在地方上被視為「地方名流士紳」的人物為中心。該公司的人事政策是延攬二級城市中受到當地人信用者為員工，這群名流士紳能讓人放心託付自己辛苦掙來的財產。

進入公司之後，公司提供完整且嚴格的教育訓練，嚴格到會有許多培訓人選在受訓途中退出的程度。但是，最後能通過訓練，被委任營運各地區分行的人們，便能用自己原本擁有在當地的信用，以及透過培訓得到的業務能力，取得這個二級城市（小規模市場）裡的大部分資產。

正因為市場原本就小，一旦愛德華瓊斯證券經紀公司在那邊開設了分行，其他公司就更不會跟隨進入——因為要是如此做的話，只會使得經濟效益變得更加惡化。所以，愛德華瓊斯證券經紀公司在二級城市建立起相當於獨占般的市場地位。

像這樣建立一個違反常識的商業模式，也是一種反向操作策略。畢竟在一般情況下，二級城市的人口規模根本不符合經濟效益。不過，請大家記得這一件事情，那就是假設每個競爭對手的策略，紛紛瞄準市場規模，依據市場大小順序搶奪市場時，別忘了思考看看有沒有什麼樣的手法，能夠超越經濟效益不佳的影響，而進行反向操作。

(2) 尋找異質點

▼如何發現預防壞血病的方法——觀察異質點

十七世紀時，在進行長期航海的遠洋船艦裡，總是有許多船員會罹患壞血病。所有人都為了這個情形傷透了腦筋。當時是處於還沒有發現維他命的時代，人們也不曉得壞血病是由於缺乏維他命C所引起的症狀。

絞盡腦汁希望能解決這個問題的醫生，發現雖然大部分的船員都罹患了壞血病，但也有少部分船員卻什麼事都沒有發生。原來，這些人是在漫長的航海旅程中，有機會吃到難以入手的柑橘類水果或蔬菜等的少數特殊族群。基於這個發現，後來英國船艦在出海時都大量裝載了橘子或檸檬供船員食用，成功防止船員罹患壞血病。

藉由發現與整體的傾向（以這個例子來說便是壞血病）特異族群的存在，並對他們的行為模式進行詳細的觀察，終致能夠找出得以解決懸案的方法。

▼找出離群值以獲得線索

我們可以這麼說，商場上的情況也是一樣。假設現在你面臨到的狀況，是既有商品的市場停止成長，無論如何必須推出新商品，否則公司將出現危機。雖知道必須進行商品開發，但要「無中生有」開發全新商品，並不是件那麼容易的事。

想得到新商品或新商業模式的靈感時，能發揮強大效果的就是「尋找異質點」這個視角。所謂的尋找異質點（outlier），指的是當大家都關心平均值之際，反其道而行，找出與平均值、普遍性的資料脫節的「異狀」「異類」「異數」，仔細觀察這些異質點。

比方說，當你要開發新商品時，不妨從使用者當中找找看，是否存在著對商品的使用方式完全異於常人的特異使用者。如果想制定地區別銷售策略時，不妨調查看看是否存在「零銷售」的滯銷地區，相反的，也要找出「零庫存」的熱賣地區。然後，徹底對這些異數、異類，或是與平均值呈現完全不同狀態的區域進行觀察。

在一般的商品開發流程裡或制定策略時，偏離平均值的資料很容易被視為毫無參考價值而遭到忽略；但是，其實有許多創新的關鍵線索，正是隱藏在這些離群值裡面！

▼【案例】每星期噴完一罐殺蟲劑的老婦人

有家殺蟲劑製造商為了提高殺蟑螂用的殺蟲劑營業額，對使用方法特別不同的使用者進行調查。

結果，發現有位老婦人，竟然每個星期就會噴完一整罐殺蟲劑。這種使用量，實在太驚人了，根本不可能在正常情況下發生。

「為什麼殺蟲劑這麼快就用光了？」製造商的員工們帶著滿腹的疑問，親自到老婦人家裡觀察，確認她究竟如何使用殺蟲劑。結果發現，這位老婦人只要一看到蟑螂，就拿起殺蟲劑噴灑整整兩分鐘。

雖然製造商的員工們告訴她，其實不用噴這麼多，因為蟑螂已經死了。但是，老婦人說：

「蟑螂的腳還在抖動的那段時間，好像還沒有死。而且，我就是受不了那種明明噴了殺蟲劑，結果蟑螂還是會抖動的感覺。」

大家發現了嗎?其實,一星期用完一罐殺蟲劑的老婦人,介意的其實並不是「蟑螂究竟是活還是死」,而是「蟑螂是不是還會動」。

這次調查所得知的事實,是了解一位用量超越平均值、用法異於常人的消費者使用殺蟲劑的目的,是為了「對準蟑螂一噴,就再也不會動」。

所以,這家殺蟲劑製造商,開發出一種新產品——添加麻醉藥的殺蟲劑。使用這款新款殺蟲劑,從噴灑蟑螂到蟑螂實際死亡所需的時間,雖然和原本的產品一模一樣,但是,只需要五秒至十秒左右,就能讓蟑螂完全停止任何動作。

事實上,其實很多人「討厭那種噴完殺蟲劑但是蟑螂還在動的感覺」。由於大多數人由於被殺蟲劑製造商教導「噴過之後,就只有慢慢等了」,所以,雖然討厭那種感覺,但也只能忍氣吞聲。

拜這位「異類使用者」之賜,隱藏在消費者心中不舒服、不愉快的感覺終於被發現,廠商也了解消費者的需求,得到新商品的靈感。據聞,這項加入麻醉藥的殺蟲劑推出之後,引爆銷售,甚至足以將被認為已是成熟市場的殺蟑用殺蟲劑市場領域,整個再重新拉回成長軌道上。

▼【案例】雖是慕斯卻會硬化的「定型慕斯」

接下來我們要來看的案例，是男用的定型慕斯。用來為頭髮造型時使用的男用慕斯裡，有一款產品是能硬化、把髮型固定住的「定型慕斯」。事實上，這款商品也是藉由尋找「使用方法異於常人的使用者」誕生的產品。

當初，一般人的理解都認為若想把頭髮定型，應該用定型噴霧；如果想清爽蓬鬆處理頭髮，應該使用慕斯。然而，即使一般公認的使用法是這樣，卻還是有人會把慕斯一層層地上到頭髮上，再用吹風機吹乾定型。這種使用法，使得慕斯的使用量相當驚人。這位使用者之所以執著於使用慕斯來定型，其實是因為討厭定型噴霧的味道。負責開發商品的人員知道這件事後，非常感興趣，製造全新概念的商品——用吹風機吹熱就可以硬化定型的慕斯，而這也開啟「定型慕斯」這種全新產品領域。

像這樣，當你遇到必須尋找某種全新切入點的情況時，可以試著尋找異於常人的使用者，思考能否從這樣的人身上找到什麼全新的靈感。千萬不要在看到有異於常人的消費者時，只是心想：「這個人根本就是個怪咖……」然後，沒有深入思考就不了了之——這樣的話，你可能失去不錯的商機。

▼【案例】掌握特異分店的管理訣竅

下一個案例，我們要看看藉由尋找異質點以思考新銷售策略的過程。

在**圖表3-15**中，我們把某家企業全日本各地分店的業績全都畫在這一張圖裡。每家分店的業績，理所當然地呈現出彼此不同的不規則狀態。

當我們在分析這張圖時，要是不以「同時讓所有分店的業績全部成長」的這種觀點來想事情，會怎麼樣？請讀者們看看，這張圖表的縱軸表示市場成長率，橫軸則是這家公司的業績成長率。換句話說，傾斜四十五度線上的任一點，都表示自家公司的成長率與市場成長率一致，也就是如果市場呈現五%的成長，公司業績也呈現五%的成長，就算是還過得去的業績。

另外，位於四十五度線的左上區域者，表示該分店的業績成長速度，甚至不及市場成長率；位於四十五度線的右下區域者，指的則是該分店的業績成長速度超過市場成長率。

一般來說，看到這張圖，我們很容易把目光飄向位於四十五度線左上部分，也就是那些業績不好的分店；但是，其實這張圖表真正最有趣的地方，在於廣島分店，因為該

圖表3-15 日本各地分店的業績示意圖

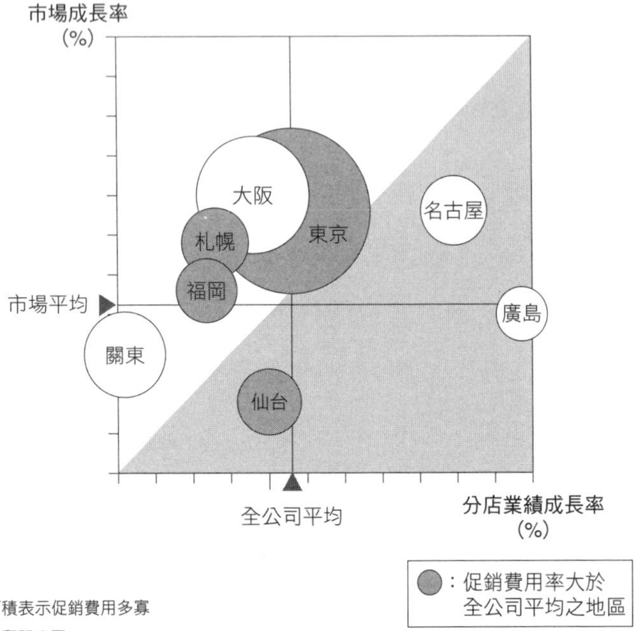

※圖形面積表示促銷費用多寡

©波士頓顧問公司

店幾乎沒有使用什麼促銷費，業績竟然就能達成快速的成長。

也就是說，廣島分店在眾多分店裡，是個「異質點」。只要發覺這件事，就能進一步推論「是不是廣島分店存在著什麼其他分店所欠缺的祕訣或技巧？」接著，思考如何徹底研究那個祕訣或技巧。

舉例來說，我們可以派其他分店的店員到廣島分店出差，觀察廣島分店「獨一無二的做法究竟是什麼？與其他分店有什麼不同的地方？」並且提出報告。參照之下，也許能讓其他分店發展屬於自家分店的嶄新業務方式，或是宣傳自家商品的技巧等。

因此，我們不能只從使用產品有異於常人之處的「異類使用者」身上，找到全新的產品創新關鍵。如果能如前所述，好好觀察公司的分店或地區、銷售商品的商店等，找出營收與其他樣本呈現差異的異類、異數，對其做法進行徹底的研究，也能創造出全新的做法——這就是運用「尋找異質點」這個視角來思考新的致勝策略。

想必大家都聽過「醜小鴨」的故事吧？那唯一一隻毛色和其他小鴨都不同的醜小鴨，長大之後卻變成了美麗的天鵝。同樣的，在與其他樣本都完全不同的異質點中，也隱藏著只要我們仔細發掘、用心培育，就能產生極大價值的線索。

(3) 以類推方式思考

▼在A成立的事情，能否在B也成立？

最後我要介紹給各位的，是「以類推方式思考」這個運用方式。這是個無論在任何

圖表3-16　類推思考示意圖

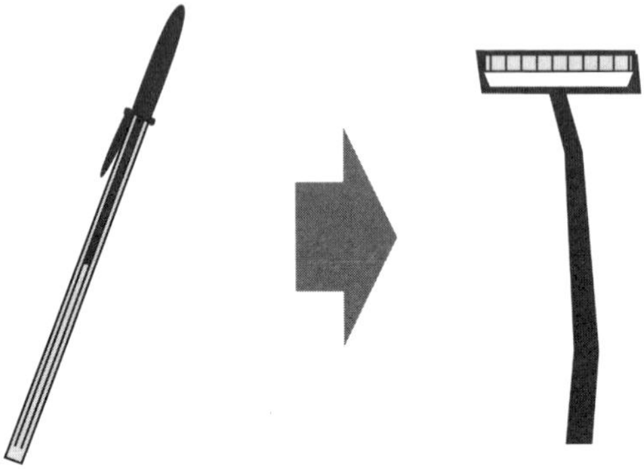

類推？

一本介紹發想法的書裡都會提到的方法；也就是去思考，「在A成立的事情，能否在B也成立？」

生產拋棄式原子筆的BiC公司，正是因為朝著「有沒有什麼與原子筆相同，能以塑膠製成的拋棄式產品？」這個方向去進行思索，才因而製造出拋棄式刮鬍刀。也就是說，基於「可拋棄」的邏輯，去進行類推思考（詳見**圖表3-16**）。而這種「以類推方式思考」的方法，做法相當多元，常在發想法的書中介紹到的方式，是「運用其他產業的常識，試著以『類推』的方式，深入思考自身工作所屬產業的模式與做法」。

如果以事後諸葛的方式回頭來看類推思

考，會讓人覺得這種思考方式毫無難度可言。但是，實際上如果是你自己試試以類推方式進行思考，就會發現這其實是一件相當困難的事。那麼，我們具體上究竟應該如何做，才能夠靈活運用「類推思考」這個視角，制定出創意十足的策略？

為了能夠「以類推方式思考」，你必須在平常就養成看事情不是只看表象，而是徹底用頭腦去思考其背後真正機制究竟是什麼的習慣。只要養成了這種用腦的習慣，就能漸漸看清楚「原來這許多事是因為這樣的機制而來」；然後便能將該機制試著複製套用在其他地方，以類推的方式進行思考。

▼【案例】大盤炒麵的價值

大家唸高中時，有沒有加入校隊或體育類社團的經驗？如果有的話，應該很容易想像這種感覺——年輕時，當校隊或體育類社團的練習結束後，肚子總是飢腸轆轆，經常在回家之前，先去路邊小吃店墊墊胃。比方說，那家店牆上貼著「炒麵（中盤）五百日圓，炒麵（大盤）七百日圓」的菜單；坐在自己隔壁的客人，面前放著大盤炒麵，而另一邊的客人，點的則是普通分量的中盤炒麵。

圖表3-17　「大盤炒麵」的經濟性

買方	賣方
划算感 ＋ 飽足感	成 本 • 麵條　＋30日圓 • 肉絲和蔬菜　＋30日圓 • 其他　＋10日圓 總計　＋70日圓 ≪ 營 收　＋200日圓

比較一下那兩位客人面前的炒麵。大盤裝的炒麵分量，足足是中盤裝的兩倍左右。也就是說，若想吃到同樣的分量，點兩盤五百日圓的中盤炒麵，總價一千日圓，但是，如果點大盤炒麵的話，只要花七百日圓就可以。如此一想，不知不覺就點大盤炒麵。

在這裡，我們只要把「客人為什麼點大盤炒麵？」的機制深入思考，就能將這個機制應用在其他領域。請大家仔細看看**圖表3-17**的內容，試著思考其背後的機制。

消費者的心裡，無時無刻都在計算著經濟上的利弊得失。因此，覺得肚子餓的高中生也是一樣，只要多付二百日圓就能吃到兩倍的份量，一定會覺得點大盤比較划算。也許一開始只是想吃點東西墊墊肚子而已，但多付了二百日圓，除了得到飽足感之外，還能得到確實「賺到了」的心情。

而對小吃店老闆來說，為了做出一份大盤炒麵，假設多加麵條的成本是三十日圓、增加一些肉絲和蔬菜的成本是三十日圓、其他調味料和瓦斯費大概十日圓，增加的總成本，也不過是七十日圓罷了。換句話說，把原本賣五百日圓的中盤炒麵，只加了七十日圓的成本，就能賣到七百日圓——也就是增加七十日圓的成本，換來增加二百日圓的營收。

▼大盤炒麵與名牌商品的類似性

為什麼像這樣的生意模式能夠成立？因為這讓消費者是以「賺到了！」的感覺購入一件商品。也就是說，除了「以炒麵墊胃」的這個基本功能之外，還附帶銷售「划算的感覺」。藉由調整投入成本與售價之間的關係，我們就能夠轉移「銷售的究竟是什麼」。

雖然這是個相當單純的例子，但是，如果沒有養成對於「自己在購買東西時，感到『賺到了！』或『真有趣！』時，究竟發生了什麼事？其背後的機制到底是什麼？」進行思考的習慣，就無法理解大盤炒麵的定價機制。

而那些能夠理解大盤炒麵機制的人，就能夠類推思考，想到只要能夠附加異於原本功能的某種價值，對客戶的心理進行訴求，便能以實際增加的投入成本更高的價格，提高商品的售價。

與前述的大盤炒麵有著相同機制的例子，其中之一便是「名牌商品」。購買名牌商品的消費者，其實是在對「商品數量稀少，覺得擁有它會讓自己看起來充滿時尚感」的這種心理上的附加感受（也就是滿足感）支付費用，而不是在意那些商品實際上的製造成本到底是多少。

▼【案例】手機上網費率吃到飽，其實賣點是「控制預算」

讓我們把類推思考更加擴展，想想看，除了大盤炒麵的划算感，或是名牌商品的自我滿足感之外，還有沒有什麼其他商品，是為它附加了某種價值後而進行銷售？動動腦筋後浮現在腦中的案例，就是KDDI所提供的「AIR-EDGE」（AirH"）服務。這是一種用在無線通訊的網卡，及其相關的通訊服務。

AIR-EDGE的服務對象，包含了針對業務員的公司用戶服務。比方說，只要跟KDDI簽訂公司用戶合約後，該企業的業務員便能由公司外部用隨身通訊裝置與公司連線，檢查公司帳號的電子郵件信箱。這項通訊服務，一時呈現非常快速的成長。

這項服務受歡迎的理由，在於其定價方式。簽約利用這項服務的公司法人，幾乎都是簽下定額制方案。簽下定額制方案後，只要依業務員人數，每個月繳付固定的人頭費，就可以無上限「吃到飽」使用該公司提供的通訊服務。

然而，若我們實際對業務員們的使用狀況進行檢視，會發現絕大部分業務員的通訊費使用量，幾乎都低於實際付出的金額。也就是說，對公司用戶來說，其實不要簽定額吃到飽方案，簽訂依實際使用量多寡便付多少費用的從量制方案，成本反倒還更節省！但是，市場上流行的卻還是定額制。

會發生這種狀況，最主要理由在於決定購買什麼服務的人，並不是實際上的服務使用者，而是企業中負責控制預算的資訊系統部門或總務部的緣故。站在控制預算的立場，對一百人的業務團隊這個月究竟會用掉多少通訊費毫無頭緒的話，預算的管理便會非常困難。但是，如果能事先決定好，一個人固定能用多少費用，預算控制就會變得相當容易。定額制的通訊方案，對身負預算控制責任的人來說，即使會付出比較高的成本，卻能夠換來「可正確掌控每個月支出」的好處。

如此這般，吃炒麵時，消費者買的是「划算的感覺」；而購買通訊服務時，消費者支付的費用所購買的不是只有通訊服務本身，還包括「容易控制預算」這個好處。

大家發現了嗎？只要掌握了購物時的其中一種行為機制，就能夠以類推思考的方式，不斷創發出其他的新點子。所以，即使面對的是我們平常覺得理所當然的購物行為，也必須訓練自己思考其背後的機制，對於「為什麼會買下這個商品？」「為什麼店家會採用這種銷售機制？」等，投以懷疑的眼光。

▼嘗試轉動一下看事物的視角

我在此假定，各位讀者對「以類推方式思考」的前提——也就是存在於事物背後的機制——已經有所理解。接下來我們要來看的是，應如何運用這些類推思考，來解決自己所面對的問題？

當各位面對問題時，非常有用的一個做法，便是以「嘗試轉動一下看事物的視角」

圖表3-18　轉動「看事物的視角」示意圖

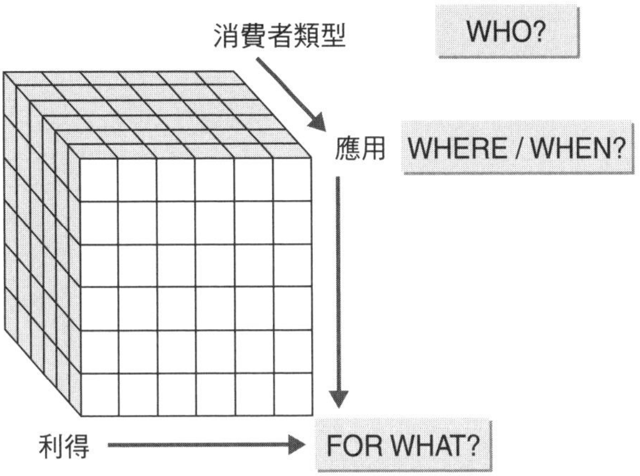

©波士頓顧問公司

的方式來思考事情。具體做法是，在腦中畫出一個如**圖表3-18**般的立方體（為求容易理解，以下稱魔術方塊），試著將事物的機制套用到這個魔術方塊上；然後，將構成那個機制的要素，逐一轉動。

舉例來說，若我們將前述大盤炒麵的例子套在這個魔術方塊思考的話，就會變成「高中生」「在路邊餐廳」「為了墊胃」而消費。

把相當於魔術方塊中「FOR WHAT（為了什麼）？」這個利得要素的「為了墊胃」，試著轉成「因為覺得划算」。接下來，針對「因為覺得划算」這個利得要素，把相當於「WHO（誰）？」的「高中生」，轉成「想喝咖啡的消費者」。最後，再把相當於「WHERE／WHEN（何時／何處）？」的「在路邊餐廳」，轉成「在工作之間的小憩時」。

思考如何讓「在工作之間的小憩時，想喝咖啡的消費者能夠覺得划算」，也許就能想到「銷售回數券，讓原本一杯二百日圓元的咖啡，相當於只要花一百五十日圓就能喝到」的這個點子。雖然售價降低了，但可以預收貨款，而且還能夠保證客人會繼續在這裡消費，其實商店也因此而得利！

如此這般，將事物的機制拆解為「WHO（誰）？」、「WHERE／WHEN（何時／何處）？」、「FOR WHAT（為了什麼）？」的各個要素分別套進去後，逐一轉動進行思考。希望各位讀者，無時無刻都將這顆魔術方塊放在腦子裡，隨時在每個格子上套用各種要素，進行思考實驗。

由於魔術方塊一共有三個軸，所以只要將要素逐一轉動，便能產生出許多種不同的組合模式，幫助我們運用類推的方式，思考出各式各樣的點子。

運用「變形」視角的練習

接下來，繼續延用之前麵包與泡芙店的這個設定，我們要來做一做「運用變形視角」的練習。

【問題1】反向操作

你前去參加手工麵包店的同業大會，發現每位老闆都興致勃勃地談論著新展店的計畫。由於每家店都面臨著來自大型購物中心或便利商店，甚至是不斷強化其麵包與甜點產品線的咖啡廳等的競爭，使得大家的營收都逐漸被侵蝕。似乎有愈來愈多的積極派業者，認為既然如此，乾脆狠下心來展開第二家店、第三家店，擴大服務範圍，以得到規模效益。

那麼，請各位讀者試著思考看看，在這樣的風潮之中，有沒有什麼辦法，能夠反向操作而找出一條活路？

●解答範例

要如何才能突破與異業種的競爭戰局，而又能避開投資風險？可行的做法之一，便是不要與競爭對手正面開戰，而是要與對方合作。

比方說，便利商店中有好幾家連鎖加盟體系，都已在不斷增加設有「內用區」空間，讓客戶能夠直接在店內食用剛購買的食物或飲料。再加上，有些便利商店體系也已經開始不採用全國標準化的商品進貨模式，而是在一定的範圍內，容許各地區或各分店能夠自由決定要進什麼貨。

你不妨利用這股風潮，把在本地已經建立起品牌知名度的手工麵包及泡芙等，做為「能夠與低價格的全國共通商品互補，以提高客單價（譯注：每位客人的平均消費價格）的王牌商品」對這些店家供貨，將原本的競爭對手，實質上轉變為自己的銷售通路，這也是方法之一。

有許多商圈，人口雖然少到無法支撐起一家新的手工麵包店，但是，要撐起一家便利商店，其經濟規模還是綽綽有餘。只要鎖定位於這些地區的便利商店，將你麵包店的宅配能力提高到「足以應付批發訂單的宅配能力」，就萬事具備了！

而對於咖啡店，也是一模一樣。尤其是中小型連鎖咖啡店或是獨立的個性咖啡店，很可能接受你的麵包店供貨。對於根本無法達到經濟規模，做出與你的麵包店水準相同的麵包或泡芙的咖啡店來說，這項新的高利潤商品，應該有著相當誘人的魅力。

【問題2】尋找異質點

在前面我們使用「聚焦」（顯微）視角的練習題當中，便已經示範過從偶爾才來一次，但每次一來就會買十幾個泡芙帶走的粉領族客人身上，找到了「辦公室甜點族」這個市場區隔；以「找出穴位」的思考方式擴大市場需求的例子。

而這個案例，同時也可說是尋找出「一來就會買十幾個帶走的粉領族」這個異質點，而深入了解其背景的好例子。

那麼，接下來我們假設一個新情況：你發現原本為了鎖定「媽媽族的下午茶」市場而推出的「迷你泡芙禮盒」，卻會有中年女性自己一個人就買好幾盒帶走。以穿著打扮來看，這位小姐明顯不是家庭主婦，而是上班族。

這又可能是個什麼樣的「異質點」？你又應該如何活用它？請各位讀者試著思

考看看。

●解答範例

比方說，有可能是這樣的情況：這位客人，其實是壽險專員。在跑客戶時，針對與她簽訂較大金額保單的客戶，或做為送給原本的大客戶的生日禮物，而前來購買你店裡的迷你泡芙禮盒。

首先，你可以試著請這位壽險專員介紹同事給你，以增加「異質點」的數目。

接下來，讓我們再朝著「牢牢抓住保險業務員的需求」這個方向思考。請保險業務員事先將禮盒收件人的名單與生日等重要節日的資料提供給你，之後她無需特地來一趟店裡，只要將下個月的貨款匯進你的帳戶，你就能自動為她把禮盒宅配給所有指定的收件人……如果能夠提供這種新服務，也許你的麵包店就能搶占到「保險業務員供應商」的這個地位！

【問題3】以類推方式思考

最後，讓我們來試試「以類推方式思考」的練習。

從一開始的練習題一路到現在，我們將目光分別鎖定在客戶、競爭對手……等，不斷思考如何擴大你的業務。身為手工麵包與泡芙店經營者的你，這次要試著往不同領域的商品進行類推思考，看看能否開發出新的商品。

走進便利商店，隨手拿起一個御飯糰，你是否發現御飯糰的包裝很細心？也就是說，海苔片和飯糰一直到你食用之前，彼此都不會相互接觸。以能保有海苔的酥脆、飯糰的溼潤。

請你看著手上這項產品，思考看看，能否想到什麼新泡芙商品的點子。

●解答範例

首先你立刻會想到的點子，一定是將外皮與卡士達醬分開，推出「自己動手灌卡士達醬的泡芙材料組」。以商品形態來說，這是個很單純的御飯糰類推思考。但我們的思維不以此為滿足，要繼續進一步探索，這項產品能連結到什麼樣的需求上。

像是，如果將它塑造成「最適合『媽媽族的下午茶』這樣的聚會，或是小寶貝們的生日宴會」這樣的商品，你覺得如何？御飯糰之所以開發出讓海苔和飯分開的包裝，是為了講求「酥脆的海苔口感」；而你的新產品之所以把外皮與卡士達醬分開，則是為了讓大家「享受做泡芙體驗的樂趣」。

以此方向思考的話，包括最基本的銷售方法、行銷方式……等，將有所不同。像是在店前面掛上「泡芙ＤＩＹ，輕輕鬆鬆開一場宴會！」的提案；或是提供試用品給「媽媽族的下午茶」裡的意見領袖，藉由口碑相傳的方式，增加讓自己動手做泡芙的樂趣更廣為人知的機會……等，都是可行的方案。

重要的是，把類推思考當成一個起點，一直到將增加營收的具體方案都明確化為止，要不斷地深入思考下去。

第四章

六個步驟，培養Insight

The BCG Way—The Art of Strategic Insight

1 構成Insight的要素

複習：如何拆解獨一無二的策略？

行文至此，讓我們暫停一下，複習到目前為止學過的內容。

首先，光靠策略理論的知識，無法制定出獨一無二的策略。要在既成理論、現有框架再加入insight，才開始能夠制定出足以克敵致勝的策略。接下來，我們說明了組成insight的要素，就是速度與視角。然後在第二章，我們對提高思考速度的方式詳加敍述；在第三章，則針對如何運用視角，以得到超越至今為止所有框架的「思考事情的方法」進行詳盡的說明。

如果將本書的整體概念以「公式」的方式做個整理的話，結果如下：

【彙整公式】

獨特的策略＝現有的理論架構＋insight
＝現有的理論架構＋（速度＋視角）
＝策略的精髓
＋（模式辨認＋圖表思考）×假想檢驗
＋（「廣角」視角＋「顯微」視角＋「變形」視角）

模式辨認、圖表思考、假想檢驗，分別是「速度的三要素」；而廣角、顯微、變形，則分別是「視角的三要素」。這合計共六個要素，便是構成insight的所有基礎。在前面的章節中，我們已經針對每個要素，逐一為各位進行了說明。

困難之處，在於實踐

但是，實務上在制定策略之際的操作方式，絕不是逐一單獨使用這些要素，而是將好幾個要素組合起來，同時運用。如果一定要把此時的頭腦運作方式用文字來表達的話，大概是這個樣子：

「同時運用模式辨認、圖表思考和各種視角，擬出假說。在進入假想檢驗之後，則同時一邊對最初的假說進行邏輯驗證，一邊運用不同的視角或模式繼續提出修正假說。」

當然，由於實際上頭腦是在一瞬間、而且是以同步進行的模式執行許多種不同方式的運作，所以要用言語來形容，非常困難。各位讀者，也只能靠你們自己去體驗、去感受；除此之外，沒有其他捷徑。

就像剛開始學打高爾夫球的人，會先由握杆的角度、站姿的變化、肩膀的轉動、膝蓋的使力……等個別要素，按部就班一項項學習。但是，在進入下一個階段，也就是在球道上實際揮杆時，無論如何也不可能意識著一項項的要素擊球，一定是在自然而然、毫不刻意的情形之下，將那些複數的運動要素組合起來，扭動身體揮杆將球打出去，一步步攻上果嶺。而不斷重複這樣的體驗，才是讓你球技進步的唯一途徑。

制定策略其實也跟高爾夫球一樣，在學習insight的各種要素之後，自己不斷重複體驗合併運用各種複數要素的感覺，才是能力往上提升的關鍵。靠自己徹底對策略進行思考、突破瓶頸的過程中，自然而然累積運用模式辨認、圖表思考、假想檢驗以及廣角、顯微、變形六大要素的感覺與體驗，這是鍛鍊策略腦最重要的途徑。

2 能產生Insight的「動腦方式」

在第二章說明「假想檢驗」的部分，我已經讓各位讀者體驗過，自己究竟是習慣以右腦或左腦為中心在進行思考。在第三章裡，我們也已經練習過各種視角的運用方法。而在本章中，我希望各位讀者能一邊閱讀著如何將insight的複數要素合併起來使用的案例，一邊跟著文章體驗那種「動腦方式」。也希望大家能夠以自己的角度思考看看，如果是你，你會怎麼思考？有沒有辦法讓假說更加進化？或者說，如果是面對同樣的狀況，你能不能想出更好的策略？像這樣，一邊思考這些事，一邊累積能帶給你insight的思考經驗。

如果你是投資基金經理人——鎖定不動產領域進行擴張

為了讓各位讀者隨著文章親身體驗所謂的「insight」，先跟大家說明背景條件。假設你現在是一家全球型投資基金的日本地區代表經理人。這檔基金並不是別人口中的那種「禿鷹基金」，而是一檔向海外金字塔頂級客戶募得資金，對日本進行長期投資所設的基金。

接下來，說明你被賦予的任務——請你制定一套策略，對日本的不動產部門進行約一千億日圓的投資，並且，要在五至七年內獲利。決定基金整體投資方針的委員會，以全球標準判斷日本的地價，處於合理的水準，因此，決定鎖定不動產部門進行投資。然而，基金的投資政策嚴格禁止單純買進土地或建築物，以養地的方式等待地價上揚後高價售出以賺取價差的行為。

達成目標的設定條件是，你必須針對不動產領域，制定能夠確實獲得現金流入的策略，並且收購有能力執行該項策略的公司，或對該公司進行ＭＢＯ（Management Buy-

Out，或譯為「管理層收購」。指企業經營層或高階幹部由股東處取得股票，收購整家公司）得到中長期獲利。

在此條件下，如何建立假說？並且一步步將假說落實為具體執行的策略？讓我們一起來思考看看。

步驟1　蒐集資料、擬定假說

首先，你必須著手的是蒐集資料，做為擬定假說的起點。從新建住宅物件數、辦公室樓板總面積、到房仲業的市場規模……等，廣泛蒐集自二次大戰結束後到現在的幾項總體指標，做一次全盤檢視。而在那當中特別吸引你注意的是目前日本人口結構分布圖。

圖表4-1，是將全日本的人口依零至四歲、五至九歲、十至十四歲……的方式，以每五歲為間隔區分所畫出來的直條圖。

檢視這張圖表我們可以發現，五十至五十四歲的人口，占總人口中最大比例，達一

圖表4-1　審視長期變動（第2次嬰兒潮世代開始進入購屋年齡）

2002年4月1日的日本人口結構分布圖

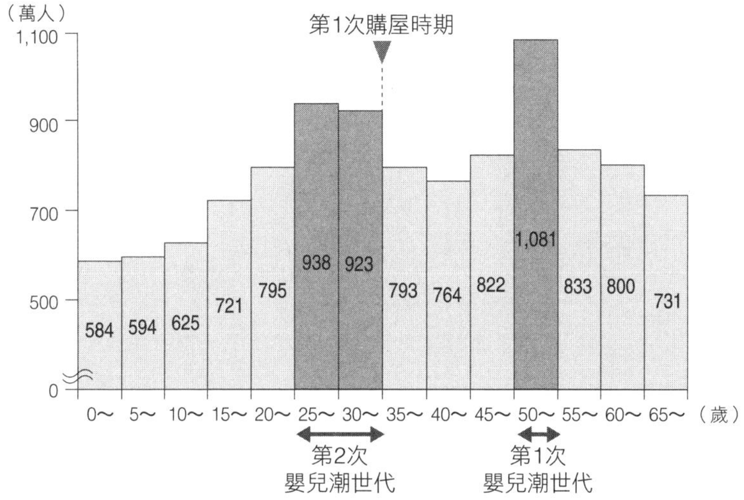

資料來源：住宅金融公庫、總務省人口統計

千零八十一萬人。這些人是出生於一九五〇年代前半的所謂「團塊世代」，也就是二次世界大戰結束的「戰後嬰兒潮」。日本在第二次世界大戰中戰敗是一九四五年的事，而在那之後不久，便進入戰後的復興期，出現了戰後嬰兒潮世代。

該世代的人口數量，顯得特別龐大，之後則開始減少。然後到了該世代的兒女們的年紀——也就是二十歲後半到三十歲前半的世代，人口再次增加。這群人，便是所謂的「團塊二世」（日文稱為「団塊Junior」）世代。

吸引你目光的是這些團塊二世，已開始進入二十歲後半到三十歲前半的購屋年齡這件事。當人們到了這個年紀，由於結婚或生子，對於提供家庭使用的住宅產生新的需求。而團塊二世開始進入這個年紀，便表示家庭用住宅的市場需求即將產生爆發性的成長。以進化論的角度來看，這是塊相當大的市場。對照呈現出S型曲線的市場成長模型來看，現在似乎正處於市場需求即將大幅度上揚的轉捩點。如果以找出穴位的視角觀之，在整體人口難以成長時，卻在人口結構中出現了某個可能呈現出例外大幅度成長的年齡層，我們當然沒有理由輕易放過這塊市場。

如此這般，我們最初的假說，已然開始成形——應該朝向主攻銷售團塊二世這個消費群的家庭用住宅，以及其周邊相關的價值鏈進行思考。

步驟2　以假想檢驗的方式，讓假說更加進化

接下來，你立即進入假想檢驗的步驟，找出了令人在意的幾個重點。

首先，既然是這麼明顯的市場機會，那麼銷售家庭用住宅的業務應該早已大為風行；但實際上，卻很少聽到這一類的消息。另一方面，也令人擔心會不會其實有許多競爭者早已進入這個市場，造成過度競爭的狀況了？

所以我們必須再進一步做些調查。不是只坐在辦公室裡檢視資料，而是親自拜訪不動產資訊雜誌編輯與各處的房仲業者等相關人物，不斷重複對他們進行訪談。經過這番努力後，我們了解到隨著地價下滑，高級電梯大廈或透天厝的銷售市況的確有所成長，競爭者也有所增加。但是，以整體的狀況來說，似乎離「爆發性成長」還有段非常大的距離，並不像我們所預期市場需求出現明顯的大幅度增長。

由於「團塊二世對住宅的需求將會提高」這個論點本身應該沒有什麼錯誤，所以似乎是市場並非以單純的S型曲線在進化，而是以某種不同形態的模型進行變化。

要推定出那個模型，究竟應該怎麼做才好？

步驟3　首先「類推」，然後「徹底化身為使用者」

有沒有什麼足以參考的資料，能幫助我們推導出這個不同形態的進化模型？你心裡這樣想著，並試著以兩種手法進行探索。其一，是類推。其他國家隨著人口結構的變化，引起住宅需求呈現急速成長的模式是如何？引發該模式的原動力又是什麼？藉由對此進行調查，也許能夠得到日本今後將會如何變化的線索。其二，是徹底化身為使用者。直接與團塊二世的人見面，不斷進行多次的長時間訪談，以理解他們這些人，心裡想什麼？行為模式又是如何？尤其是如果我們能找出他們與過去的世代可能會有什麼樣不同的行為，以及產生出如此行為的原因，應該足以成為建構新的進化模型時重要的參考依據。

類推是總體的手法，徹底化身為使用者則是個體的手法。透過這兩種手法合併運用，我們的假說應該有辦法昇華到更高一層的水準。

在其他國家的案例裡特別引起我們興趣的，是德國的例子。比日本更早在第二次世界大戰中投降的德國，戰後嬰兒潮世代也較日本更早出現。再加上德國人生兒育女的年齡較日本人更早，所以，德國的團塊二世進入購屋年齡，已經是幾年前發生的事情。

而德國在幾年前開始發生的是租賃住宅市場的急速成長。由於東西德的統一與企業經營模式轉變為盎格魯薩克遜型資本主義（譯注：Anglo Saxon Capitalism，重視股東價值與經營效率的資本主義形態，以英美兩國為代表。相對於盎格魯薩克遜型資本主義的是「萊茵型資本主義」，重視包括員工等所有利害關係人在內，以日本和德國為代表），使得德國人的收入與儲蓄水準都降低，買不起自用住宅的階級開始增多。為了因應這個情況，優質的家庭式出租住宅的供給量大幅增加。

在日本，究竟是否存在同樣的需求？這個答案，我們經由對使用者進行面談的結果，得到了證實。

日本團塊二世世代最大的特徵，在於認為將來會繼承父母親現在所住房子的人數相當的多。由於少子化的影響，「團塊世代的一對夫妻，只擁有一至兩個團塊二世世代子女」的這種家庭，比例相當大。由於團塊世代擁有自有住宅的比率非常高，因此，如果團塊二世子女是一男一女，多數由兒子繼承父母的房子。如果每一對結婚的新人，男方有很大的機率繼承父母的房子，就降低拚命購屋的必要程度。其中，甚至有些例子是新人夫妻雙方都是獨生子和獨生女，夫妻雙方的父母也都預計把房子過戶給小孩，所以，這對新人未來將會擁有兩棟房子。

再加上所得的貧富差距也愈來愈懸殊。目前，日本飛特族（譯注：Freeter。指從學校畢業後便無固定工作，靠打工維生的年輕人）人數達到四百萬人，約聘員工和臨時工、打工族等非正職員工人數達到一千多萬人，活用低成本勞動力的企業，一直在不斷增加。受此風潮影響，即使是正職員工，除了一部分儲備幹部或能夠領取高額績效獎金的高階業務人員之外，多數人的薪資收入都呈現出降低的傾向。而薪資和獎金變得基於績效而有較大幅度變化的情況，也對此產生影響。大企業原本用以鼓勵員工購屋置產的企業內部低利率員工借款，也幾乎都已廢止。在這種情況下，那些位於貧富M型兩極化社會的金字塔底層，想要在二十歲後半到三十歲前半的這種年紀買房子，可說幾乎是不可能的事。

最後，我們也了解到一件事，就是由於「土地只會不斷增值」這個神話崩潰，使得人們擁有自己房產的意願因此降低。許多團塊二世的人們，由於經歷過土地泡沫的崩潰，所以強烈感到過去那種「只要擁有不動產，自己的資產便會不斷增值」的時代已經告終。

基於這些所有的資訊，你將大幅修正當時一開始建立的假說。

如果將團塊二世當成「穴位」，以進化論推論的話，就不應以銷售住宅當成思考方向，而應以出租——而且是以家庭用住宅的出租——為主，制定整體策略。

也許，接下來會有一波急速成長的租屋需求來臨也說不定。面對這種情況，你應該如何建構獨一無二的策略？

步驟4　思考應從何處取得競爭優勢？

現在，你的策略方向是「以團塊二世為目標客層的出租用家庭式住宅」。但具體來說，應該如何在面對競爭時取得競爭優勢，是個必須仔細思考的問題。

即使成功切入一個需求快速成長的市場，不過，如果無法取得競爭優勢，它還是無法成為一項能獲利的業務。所以，你開始集中在這一點，詳細研究那些可能成為競爭對手的企業，以及他們所提供的商品。

首先你了解到的是，大多數競爭對手最近致力提供的產品，是出租用的高級小套房。而且他們並不負責處理出租的部分，而是建好這樣的住宅後，將它們銷售給以投資理財為目的的富裕層階級。看來，這些不動產開發商們似乎並未著重出租市場，而是聚焦於銷售型的商業模式。

為什麼他們這麼做？其實答案就隱藏在他們的資產負債表中。受到泡沫崩潰的影響，大部分不動產開發商都受到相當嚴重的打擊，即便到現在，仍沒有餘力增加借款以進行長期投資。如果採用銷售型的商業模式，收購土地與建築房屋的成本，在銷售完畢的時點就能全部回收。但是，如果自己直接進行出租業務的話，便需要耗費好幾年，以租金的方式慢慢回收當初的投資成本。在目前無餘力進行投資與借款的情況下，銷售型商業模式是他們唯一的選擇。

而家庭用出租物件之所以增加速度慢的原因，似乎也在此。由於家庭用住宅的總價較高，會購買的客層僅限於極小部分的客人，較難以像出售小套房一樣，以大規模的方式銷售「出租用家庭式住宅」。而這些公司，也沒有餘力由自家公司直接進行出租業務。

至此，我們了解到一個重點，就是即使明明知道團塊二世世代將會成為接下來的主力市場、而這些客人對租賃住宅的需求相當高，但有辦法以大規模的策略因應這個情況的競爭對手，卻是少之又少。

相對而言，你手上有的是充裕的資金。以這一點來說，相對於競爭對手們已經取得很大的競爭優勢。如果真的有需要，你甚至能夠以自有資金投注在建築費用上。但是對你來說，要把手上的一千億日圓做最有效率的運用，投資的回收期間原則上還是愈短愈好。

想到這件事的你，決定善加活用公司本身的海外網絡，將不動產證券化的手法加進我們的策略中。當家庭式出租住宅完工之後，就以租金收入為基礎發行不動產信託證券，出售給海外的投資者。藉此就可快速回收資金，繼續建築新的物件。由於身為國內競爭對手的那些不動產開發商缺乏海外網絡，所以看來無論是在證券化的技術或證券化後的銷售等方面，我方都能站在有利的立場應戰。

如果已經清楚可見規模擴大的未來，那麼，即使將來出現競爭對手開始加入這個市場，我們也能站在V型曲線的右側——也就是無論規模或獲利能力都勝過競爭對手——

的優勢地位。因為像是取得土地、與建設承包商交涉建築費用、將設計共同化、建立品牌、對複數物件進行共同管理與維修……等，有許多能發揮規模效益的領域！

步驟5　建立顧客忠誠度

接下來我們必須評估的是，如何建立顧客的忠誠度。出租房屋的重點，在於如何減少空屋率，提高出租比例。由於我們走的是出租家庭用住宅路線，也許與單身者用的小套房相較之下，客戶的租期會更長更穩定。但是，我們仍要儘可能防止客戶流向其他公司的可能。

當客戶由於家庭成員結構產生改變而需換房時，如果可能的話，最好是由我們公司的住宅換到我們公司的另一間住宅。要讓客戶難以流向其他公司的物件，究竟有什麼方法可以運用？

於是，你實際走訪、觀察現在市場上現有的家庭式出租住宅，並與住戶們進行訪談。要能夠完全對應團塊二世世代的租屋需求，現在市場上的現有物件數量遠遠不足。

但市場上仍存在著一些出租物件，是針對在那之前的世代提供服務者。

走訪這些物件，並實際與住戶聊過之後，你發現，現在的家庭式出租住宅似乎分成兩個種類。一種是原本只售不租的物件，但是，屋主在買下這戶住宅後再出租的物件。另一種，則是一開始只租不售的物件。前者在隔音效果與廚房衛浴設備等品質都較具水準，但數量不多，租金也偏高。承租人對這種物件的不滿，大多集中於價格面、以及無法與其他住戶享有同等待遇這兩個方面。像是這種原本只售不租的物件，向屋主承租的房客，有的無法加入大樓的管理委員會，或是沒資格參加停車位的抽籤……等，在許多小地方，似乎無法和其他住戶平起平坐。

另一方面，以只租不售的形態來說，由於住在裡面的住戶全都是以租屋方式承租的人，所以不會有前述那些問題。但是，住宅的隱密性、保暖與隔音效果等基本機能，卻常顯得有許多不足。雖然，不敢奢望家裡能裝著泡沫經濟時代的設備（例如高級進口廚具），但是，至少希望房子的基本設備，可以和只售不租的住宅一樣。這些住戶們的心聲，字字句句傳進你的耳裡。

從這些資訊裡，你想到什麼策略了嗎？首先，光是好好打造出優質的出租專用物件，似乎就能在獲得顧客忠誠度上產生非常大的效果。只要能讓住宅備齊該有的基本設備，再善加利用規模效益，將租金水準設定在比只售不租的物件在購入之後再轉租的那種物件再低一點點，要抓住客戶的心，應該不是件太困難的任務。

要是能比其他公司更早建立起「優質的出租專用住宅」這個品牌，勢必能在接下來將持續增加的團塊二世世代客戶腦海中，先行建立起品牌形象。也就是善加運用品牌，徹底發揮先行者優勢。

步驟6　彙總整體策略方案

讓我們將你一路不斷思考與評估的策略方案，重新做一次整理。

事業領域，是家庭式出租住宅。鎖定的目標客戶，是團塊二世世代——而且是團塊二世世代中，對住宅的基本設備要求較高的客戶層。

與其他競爭對手相較之下，你的商品定位是「我們推出只租不賣的物件，是以適當的價格供應市場，具有與只售不租的物件相同水準的基本住宅機能。更重要的是，絕對不會讓房客有『次等公民』的感覺」。

而且再加上運用財務方面的強項，充分運用不動產證券化的手法以擴大規模。藉由規模效益，持續拉大與競爭者間的距離……這是本策略案的一個關鍵重點。

以這個策略案為藍本，收購原本就擁有營建高品質住宅能力、又握有銷售通路的中堅不動產開發商吧！接下來，就是選擇收購標的！

至此，我們運用虛擬的案例，描繪出一個以各式各樣方式運用各種insight要素的狀況。不知各位讀者，是否已充分地跟著本文，體驗到頭腦的運作方式？或者是，你甚至已經構思出比前述範例更加優秀的策略？

閱讀過前面這個範例後，相信各位讀者已經能夠了解，要制定一個富有insight的策略，不是一件單純的事情。要仔細檢視資料、思索出假說、親自赴現場進行調查、再將想出來的假說修正昇華為更具水準的方案……有時必須大膽假設，有時又必須小心求證。

這些作業，並不是光靠閱讀策略理論的書籍、理解書裡面寫的那些理論後，就能辦得到的事。足以克敵致勝的策略，也不是只要遵循某種系統化的流程，就能夠自動導得出來，供人運用。

「制定策略」的這個行為裡，永遠伴隨著如同「藝匠」般的部分。而閱讀此書，並跟著我們體驗其精髓——也就是「insight」——至今的讀者們，相信在現在這個時點，便已經比競爭者站在更具競爭優勢的立場上了。

希望各位讀者，務必意識著insight的各種要素，不斷增加自己實際制定策略的經驗。

第五章

用團隊力量產生Insight

The BCG Way—The Art of Strategic Insight

1 組合異質人才

一個人的力量，比不上群智群力

本書至今為止的內容，都聚焦於如何讓自己——也就是「個人」——擁有insight。然而，在企業裡亦有許多時候，是由「團隊」一起進行策略的立案與制定。因此，在這第五章的內容中，我將為各位說明如何以團隊為單位孕育insight的方法。

像第一章裡提到的NASA火星探測器「拓荒者號」的成功，也歸功於整體團隊的努力。運用降落傘或安全氣囊等，乍看之下在火星探測史上脫離常識的創意，亦是由各自擁有不同知識與經驗的團隊成員們，分別想出的許多點子之中所孕育而生的方案。

「在大氣稀薄的火星，使用降落傘減速」這個點子，根本是天方夜譚。而「為了減緩登陸時的衝擊，使用汽車用的安全氣囊」這個天馬行空的點子，簡直和開玩笑沒兩樣。但是，把這兩者結合起來，再加點其他的元素進去，卻讓以往不可能實現以低預算完成火星探測的夢想，就此成為可能。

即使每個人想出來的策略方案有所侷限，但是，如果能讓整個團隊能夠發揮富有絕佳創意與執行動能的運作功能，便能把每個人的方案相加、相乘，就能創造出前所未有的致勝策略。

而為了孕育獨一無二策略的構成要素，在團隊合作時也和在個人獨自思考時一樣，沒有任何差異。關鍵都是在於如何提高思考速度，善加運用複數的視角，以產生出insight。

但是，進行團隊合作與自己一個人獨自思考最大的不同，是必須好好花費心力促成溝通順利。比方說，為了讓每個人對模式辨認時，使用的概念詞彙不致產生誤解，就有必要舉行團隊的讀書會；而為了更加促進圖表思考的進行，討論時可以善用白板……等工具，儘可能讓成員之間彼此擁有相同的視覺印象。還有把各種視角的清單列出來，貼在會議室的牆壁上，讓成員間以複數的角度相互檢視彼此的意見……等，這些都是可行的方案。

然而，事實上還有著超越上述這些手法與技巧層級的訣竅，能夠引領整個團隊制定出富含insight的策略。那些訣竅，就是能夠提高團隊本身創造力的「遴選團隊成員的技巧」，以及提高假想檢驗水準的「議論的技巧」（議論包含討論與辯論）。

人才多樣化的團隊，更能激發Insight！

在我們BCG東京辦公室裡，掛著一幅相當大的匾額。匾額上用斗大的書法寫著一句話——多樣性連帶（多様性からの連帯）。也許各位讀者會覺得很不可思議，在外商顧問公司的會議室裡，竟然會掛著書法匾額？但是，這句話不但裱框起來而且還掛在牆上，因為它不但是引領團隊產生出insight的關鍵訣竅，更是BCG身為「制定策略的專家」（Strategy Experts）最核心的價值觀。

一九六三年，BCG的創辦人布魯斯．韓德森（Bruce Henderson）設立這家公司時，明白宣示願景為：

「到目前為止，全世界每家顧問公司都只著眼於客戶企業內部的問題，聚焦於改善企業內部組織或會計制度……等領域。BCG和他們不同，將成為世界上第一家著眼於客戶企業外部環境，也就是配合市場、競爭與客層的變化，為客戶建立起具有競爭優勢的管理顧問公司」。

他首先傾力去做的事情，就是招募出身背景大相逕庭、性格大異其趣的異質化、多樣化人才。

從此以後，BCG一直秉持的核心信仰是：

「即使聚集許多優秀人才，但是，如果這些人同質程度太高，那麼，制定策略時，也會欠缺原本必要的『腦力激盪』。為了能夠永續成為制定策略的專家，必須招募更多的異質人才，將他們組合成一個強力的團隊」。

「多樣性的連帶」這句話，正因為徹底反映這個組織的核心思想，所以才會特地請到書法家揮毫書寫，並且裱框製成匾額，高高掛在東京辦公室的會議室裡。

前面我們已經提到，為了制定出獨一無二的策略，必須刻意透過自己平常沒有習慣用的視角來觀看事情，或是用與平常不同的「動腦方式」思考。也就是說，最重要的關鍵在於「增加看事情的觀點與思考法的變化性」。為了達到這個目的，最快方式就是組合多樣化人才，讓各自擁有不同出身背景、不同觀點與不同的思考方法的優秀頭腦能夠激盪更多的智慧火花。

在一般企業裡制定策略時，情況也是一模一樣。巧妙組合擁有不同經驗、觀點與思考法的人才，建構成為一個團隊，是很重要的事情。

同質集團的代名詞——企畫部

傳統的日本企業裡，我們經常可以見到的情形，就是一種被稱為「精英路線」的「同質人才培育裝置」。日本企業原本就已偏好雇用畢業自同一所大學、風格相似的人才。所謂的「精英路線」，甚至是從中發掘擁有成為未來儲備幹部潛力的優秀精英，讓他們依特定的模式一路升職。比方說，無論是總經理、負責經營企畫的專務董事、或是經營企畫部的部長，全都是一開始先在地方分行待個兩年，之後轉調到總公司人事部，又外派至海外留學後，先成為事業部企畫部門的課長，之後則負責全公司的經營企畫……等。雖然已經淡化不少「精英份子」的色彩，但是，這是仍存在於許多企業裡的「制式化培育接班人的慣性思考」。

「為了培養將來可能成為總經理的儲備幹部，設計能夠經歷多種部門業務的職涯……」這個理念本身，其實沒有什麼問題。真正成為問題的是「負責制定策略的團隊成員，背景、出身與經驗過於同質化」這件事。

許多傳統的日本企業，存在一個名為「企畫部」的單位，集合所有企業內部的精英份子，以同質化人才組合成的智庫。這個所謂的「企畫部」，是制定管理策略的最關鍵部門。但是，組成該組織的成員們，每個人都擁有同樣的背景、類似的經歷、雷同的思考法。由於「精英路線」沒有岔路，因此，使得最後編制於「企畫部」的人才類型，每個人都大同小異。如此一來，觀點與思考方式將會大受限制，想要制定出富含insight、獨一無二的策略，難度就變得相當高。

像這種傳統企業，由於受到法令解禁的影響，以往制定的策略完全失靈，對他們的衝擊很大。是否能快速制定出異於其他公司的策略，甚至可能成為一家公司能否在市場上繼續存活的關鍵。

如果你所處的公司正是這種傳統企業之一，聚集著同質化人才的「企畫部」也繼續存在的話，你必須立刻採取某些政策，為「企畫部」帶來多樣化的人才。

團隊成員多樣化的重要

一九八〇年，身為領隊的西堀榮三郎為了準備挑戰攀登聖母峰（藏語稱珠穆朗瑪峰），當他招募三十名登山隊員時，曾有過這麼一段故事——由日本各地的登山協會（日本山岳會）各分部招募而來的登山家，全都是一時之選，可說是「精英中的精英、人才中的人才」。據聞幹部們對這件事非常高興，認為：「集合這些人，用少數精英就能完成攻頂任務。」但是，西堀榮三郎卻強烈反對這種方式挑選登山隊成員。後來，他在《創造力》（講談社出版）一書中，對自己當時反對的理由，有著以下的描述：

「如果一齣戲找來的演員，全都是巨星級的主角，反而演不出一齣好戲。因為，如果每個人都是第一流精英，誰都認為自己最強，爭相攻頂、當仁不讓，根本無法統整為一個隊伍。

「舞台上，需要有人演主角，也需要有人演女旦，也需要有人演小孩，當然，也需要有幕後工作人員。」

因此，後來針對各種不同任務內容，分別找來性格多樣化的成員，組成珠穆朗瑪峰遠征隊，成功地順利完成登頂任務。這個小故事印證「以多樣化成員組成的團隊，有助於達成某個目標」的重要實例，相當發人深省。

我們已在前面的文章中說明過，以制定策略的團隊來說，絕對不可或缺的一件事，便是多樣的觀點與思考法。然而，即使已經擁有豐富的觀點與思考法，如果每個團隊成員都是自我感覺良好，認為自己最聰明又優秀，應該由自己負責彙總整體策略，這樣的話，事情根本無法順利進展。

一個團隊裡，需要擔任各種不同角色的人才。而每個不同角色所需要的人、適合的個性都不一樣。要有人負責提出假說，有人負責當毒舌王，有人負責到第一線的現場觀察實際狀況並分析資料，也要有人負責控制整個團隊的進度。因此，不只是「頭腦的運作方式」，就連「對各種事情的觀察方式」也都需要投入多樣化人才，否則，根本無法組成一個強而有力的團隊。

判斷每個人思考與個性的類型，善加組合成員

歐美國家不論是私人企業或是官方機構，有許多單位都非常認真處理如何組合「思考」與「個性」多樣化的問題。他們會運用各種手法，分析一個人「頭腦的運作方式」與「個性」的類型，並將分析結果活用於需要編組團隊時。

以BCG為例，每位資深顧問都被要求要掌握自己的個人特質，了解自己的長處與短處。而每個人不同的特質，也會被用來做為安排教育訓練內容的基礎。

一般來說，我們會配合專業的心理諮詢師，以數種不同的手法組合自我評價與他人對自己的評價。其中代表性的手法，稱為邁爾斯・布里格斯性格分類法（Myers-Briggs

Type Indicator）。這是一種以榮格（Carl Gustav Jung）的分析心理學為基礎的分類方式，對一個人「仰賴直覺，或是重視資料分析？」或是「配合外部環境進行決策，或是以自己的內心欲望為基礎進行決策？」等特質進行評估，將人的個性共分成十六個種類。

我自己也接受過無數次這一類的性格分析，以能夠客觀了解自己的這一點來說，算是有著相當大的收穫。

而在日本，像是伊斯蘭教蘇菲（Sufi）派的領導者們所運用至今的「九型人格分析法」（Enneagram），或其他好幾種手法，亦都已成為話題，開始為大家所活用。各種不同分析手法的優缺點究竟為何，已超過我的能力範圍，在此不予論述。但無論用的是何種方法，重要的都是切實掌握每個人的「心理性格類型」以及「頭腦的運作方式」，於編組團隊時，將其善加運用。

如果編組團隊時，只找來全都是企畫背景的人才，或是不能在思考與個性類型方面做最佳的組合，只重視成員年紀的平衡，那麼，這個團隊根本無法產生insight。制定策略的團隊裡，必要的是擁有「多樣性的連帶」。

2 激發創造力的「氛圍」與「規則」

促進智慧的交流

即使組合異質人才，但是，如果團隊中缺乏重視獨特的創意，並由大家一起孕育出insight來的這種「氛圍」，也難以產生有趣的策略。

在大學或企業的研究室裡，我們常說「咖啡機，是最棒的創意生成器」。為何這麼說？因為當研究人員們聚集在休息室的咖啡機旁喝咖啡時，在輕鬆自在的氣氛下，針對彼此的研究主題閒聊時，反而最常產生出許多很棒的新點子或新發現。

而負責制定策略的團隊也是一樣——把職稱、階級或擅長領域全都拋到一旁，在自由自在的氣氛下進行議論，才真正能讓各種智慧與方案一一浮上檯面，進行有效的假想檢驗。

PNI法則——先從正面意見開始回饋

若想要在團隊裡建構出能夠提高創造力的自由自在氣氛，有個有效的方法，那就是一開始便定好具體的議論規則。

舉例來說，在BCG裡有一個所謂的「PNI法則」。這個法則要求所有人員在進行議論時，一定要由正面意見（P，Positive）開始說起，接下來則依序是負面意見（N，Negative）以及有趣評述（I，Interesting）。

在進行假想檢驗時，針對假說檢視其是否存在缺點，是有必要的事情。但要特別留意的是，與自己一個人時的假想檢驗不同，當這道作業是由團體一起進行時，人類的情緒要素會對討論結果造成相當大的影響。

此時如果有提出「哇！這個想法好有趣！不過還有一些改進的空間。」的意見，偏偏大家一邊翻白眼、一邊發動毒舌攻擊說：「這裡不對吧？那裡不好吧？」那麼，相信提出意見的人，原本期待大家回饋意見讓自己提出的假說更完整的心情，勢必大受影響，甚至造成不愉快。依照這種氣氛，甚至有可能會讓人非等到假說已完整成形，前思後想把所有會遭到質疑的可能都先經過多次沙盤推演才敢提出，否則，根本不想拿出來與別人討論，以免遭到毒舌攻擊。

為了避免發生這種被負面情緒攻擊、扼殺一個原本不錯的觀點之事發生，PNI法則直接在討論一開始，就規定每個人一定要「先以正面態度接納他人意見，找出其值得稱許的地方」之後，再檢視其中是否有什麼細節能夠改進？最後，再重新說一次：「這裡很有趣！」「有沒有什麼能讓它更有趣的空間？」之後，再回到討論。

這看來似乎是個非常單純的步驟，但是，僅僅這麼做，就能大幅改變團隊討論時的氣氛。

在以往同質化的競爭中，最重要的是不斷重複檢視方案是否存在缺點，將犯錯的可能降低到最小的程度，持續對商業模式進行改善。但是，在當今的異業種跨界競爭，也就是「跨界格鬥技」的時代，必須小心呵護「雖然還沒有達到完美的境界，但是，這想法還挺有意思」的點子，在大家正面回饋之下，將這個尚未成形的點子塑造成獨一無二的致勝策略。如果不這麼做，根本無法在當今的競爭中殺敵奪勝。

如果在空拳練習（假想檢驗）的第一回合，就把可能具有冠軍相的選手摺倒在地，可就變得本利全失、兩手空空、一無所有。以團隊的力量制定策略時，請記得，一定要徹底執行「先從正面意見開始說起」的遊戲規則！

你有提出建議的義務，但沒有扼殺好點子的權利！

在前面的文章中曾經出現過的「雜誌創刊推手」倉田學，聽說他重複十四本雜誌的創刊經驗，抓到能讓腦力激盪順利進行的訣竅。包含所謂「讓腦力激盪更加活潑的金句」與「扼殺腦力激盪的毒語」，讓人相當有興趣。

首先，能夠讓腦力激盪更加活潑的金句包括：「讚喔！」「真不錯！」「好棒喔！」「原來可以這樣！」……等。彷彿專業攝影師在拍人像時，從頭到尾不斷地稱讚模特兒一般。如此一來，據聞原本可能沒什麼了不起的意見，也會漸漸變化成逐漸成形的方案。策略假說的場合也是一樣，一開始，其實往往是難以言傳的「意象概念」占了大部分；如果能不斷稱讚提出假說的人，雙方也能開始正面思考，而讓原本的意見進化為深具邏輯的「優良假說」的例子，比比皆是。

另一方面，扼殺腦力激盪的毒語包括：「又來了！」「別傻了！」「不可能！」「這樣不對！」「開什麼玩笑？」……等，每一句都是負面意見。在腦力激盪的場合，否定用語只會不斷降低人們的發言欲望。

順帶一提，根據倉田學的經驗，還有比上述更強力的「否定炸彈」——那就是年輕人常掛在嘴邊的「話是這樣講沒錯啦！可是……」，或是「嗯……我還是覺得怪怪的……」這幾句話，以及不分男女老少，短短的「嘖！」「切！」。建議各位在團隊制定策略時，事先擬好「腦力激盪的禁語錄」，也許是個比較好的做法。

挑戰團隊練習題

本書的目的之一，並不是只求讓讀者們「讀完之後能夠了解」，而是希望讓讀者們有「實際體驗」的機會。如果各位的工作與「透過團隊力量制定策略」相關，那麼務必試著以你的團隊，體驗以下這個練習題。

我們常說，百聞不如一見。希望大家仔細檢視你的團隊是否是在「能夠刺激創造力的氛圍」中進行議論，並仔細思考看看，是否存在什麼能夠更加提高團隊insight的方法。

另外，請先容我說明清楚。這道練習題的最大目的，是在於讓讀者們體驗「如何讓團隊進行創意思考」，並沒有唯一的正確答案。

【問題】請以正面思考想一想

請各位讀者看看**圖表5-1**這張圖。圖中所畫的是一台用於工地現場、搬運砂石或水泥的單輪車。但是，相較於一般的單輪車，這台車的車輪位置明顯偏在後方，握把的部分也比一般的單輪車來得短。

請你的團隊大家一起針對如何提高這台單輪車的商品價值進行議論，提出適合的使用方法。如果有必要，在不大幅改變這台車外型的前提之下，可以對其追加一些功能或修改其形狀。

圖表5-1　練習題

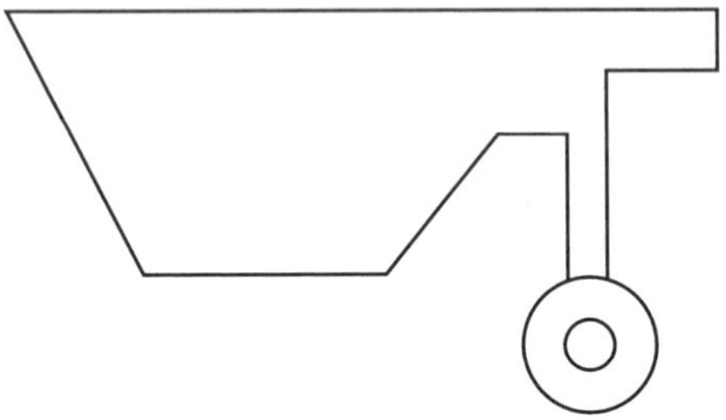

●解答範例

第一眼看到這台單輪車時，相信有許多人會覺得它很容易往前傾，一定難以使用。正由於這項商品與一般的商品不同，如果要朝著負面的方向去想，隨便一想都能想到一大堆。

大家所屬的團隊，是否一開始就能先以正面肯定的態度，開始進行討論？

比方說，像**圖表5-2**所示，利用它容易往前傾的特點，將它應用在當我們需要填滿一個大坑洞時，用來將土倒進去。朝這個方向思考的話，便可能提出「它非常適合用來倒土，甚至比一般的單輪車還要好用！」的這種提案。

甚至，如**圖表5-3**所示，將這台單輪車做一些改造，在底部平坦的部分設計一個活動門，讓使用者只要一拉動

圖表5-2 利用該單輪車特徵的使用方法示意圖

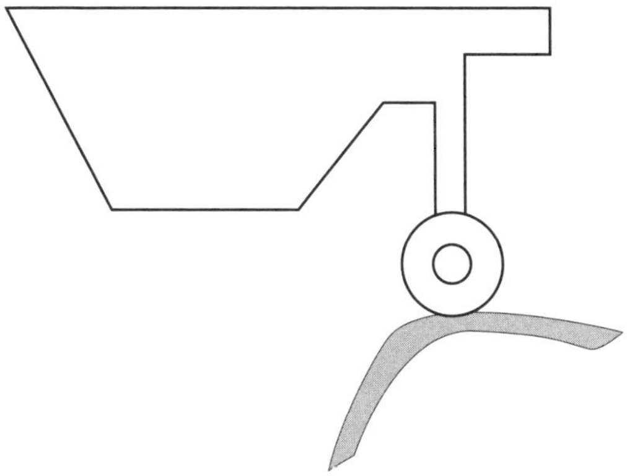

資料來源：Take the Road to Creativity, David Campbell

圖表5-3 改良單輪車示意圖

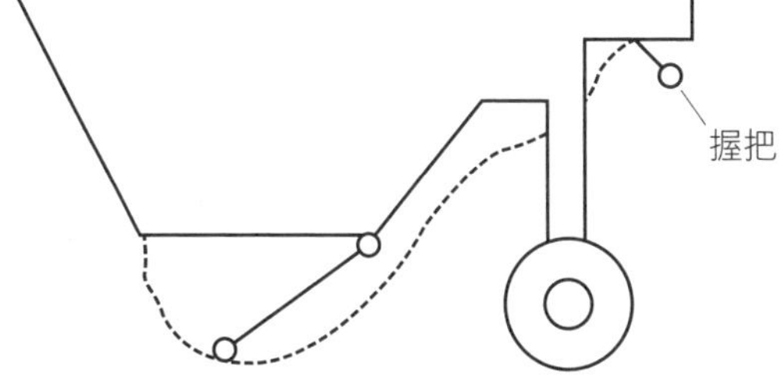

資料來源：Take the Road to Creativity, David Campbell

連到握把處的繩子，活動門就會打開。

如此一來，只要打開活動門，即使不用將單輪車傾倒也能將土倒下去。進行這種改良之後，在工程現場需要從高處往低處倒砂土時，有了這台單輪車，工作就變得更輕鬆了！

這個點子，並不是一開始就出現結論，而是先對最初的形態以正面的態度思考，得到**圖表**5-2般的靈感之後，才再進化為**圖表**5-3的樣子。

事實上，這兩個點子，都是把這個問題丟給美國的小學生練習時，他們提出來的創意。小孩子都很自然地會先以正面的態度看事情。美國的小學生看到這個單輪車的圖案時，馬上有人說：「這台車和其他的單輪車都不一樣，真酷（cool）！」

接下來，孩子們似乎是想到一般的單輪車，是用來往坑洞裡倒土石時所使用的工具，所以要是把這台車推到斜面的最邊緣，從那兒把土倒進坑裡的話，這個形狀的單輪車其實非常方便！

成年人會一直在意這台單輪車平衡不穩的缺點，但是，想法完全不受限制的小學生們，先想到的卻是從懸崖邊將土石倒下去時的這種情景。「如此一來，與其前面還有一個車輪，這種形狀其實用起來更方便！」的想法應運而生，並且其他孩子們也大表贊同。

再接著，另一位小學生想出「把單輪車的底做成可開關式的閘門，在門上綁一條繩子，設計成只要拉繩子，門就會打開的設計，那不就可以非常輕鬆地倒土了嗎？」不用說，這位小朋友受到英雄般的喝采。

如果能像這些小學生一樣，讓心靈馳騁想像、不受任何限制，純粹享受解決問題的過程，相信必然會有許多獨特的想法孕育而生。

建構「持續性的競爭優勢」

集合了多樣化異質人才的「多樣性的連帶」，以及能夠刺激創意的「創造氛圍」與「設定規則」，並且大膽將其一般化、通則化、泛用化，其實每一項都是日本人最不擅長的事情。一般的日本社會，周圍總是聚集著同質性很高的人們，在強調凡事不需要點破講明就能「心有靈犀一點通」的世界裡工作，會讓人感到非常安心。要高舉著「創造力」的大旗，刻意思考如何創造氛圍、設定發言的規矩，總讓人覺得侷促不安、裹足不前。

然而，以萬分認真的態度持續付出這些努力、徹底達成每一項條件的團隊，其得到的果實卻是甜美無比。正因為「一般人不會做得那麼徹底」，所以，才能與競爭對手的團隊拉開距離，提高能夠制定出旗開得勝策略的機率。

我認為，無論是個人或團隊，都存在著「經驗曲線」。

每一個人，都持續鍛鍊自己的策略腦，以提高個人的insight。而在團隊方面，則徹底實施容易孕育出insight的團隊編組方式及團隊運作方法。現在馬上著手進行，並且持續努力的話，「insight經驗」的量也會不斷累積；而隨著insight的不斷累積，制定能夠克敵致勝的策略能力也會變得愈來愈強。相對於幾個月後，甚至是幾年後才開始做同樣事情的競爭對手，即使他們重複累積許多努力，也無法追上你和你團隊的力量。這便是完全符合「經驗曲線」這個概念、建構理想中「持續性的競爭優勢」（Sustainable Competitive Advantage）的策略。

為了讓你還有所屬團隊持續維持競爭優勢，請務必在閱讀過本書後，從今天起便開始認真地持續鍛鍊你的insight！

結語

作者後記

The BCG Way—The Art of Strategic Insight

在丸谷才一所著的《思考のレッスン》（暫譯為《思考的訓練》，文藝春秋出版）一書中，他舉出讀書共有三種效益。其一，是能夠獲取資訊；其二，是能夠學習如何思考；其三，則是學習如何寫作。

我寫本書時，著重的重點在於希望能讓讀者們了解第二點的「學習如何思考」。不知各位看完本書後，感想如何？

事實上，insight是一門非常難用語言或文字傳達的概念，其深度也相當驚人。就連我自己，也都還處於不斷學習的途中，根本不可能將所有的一切傳達給各位。然而，若能夠讓各位讀者多少了解到，「啊！原來頭腦是要這樣用的啊！」那本書就已經算是相當成功了。

本書中的內容，是聚焦於「策略」。而企業要在激烈的競爭中勝出，除了策略以外，「執行力」也是必要能力之一。我希望未來有一天，能夠寫出一本與本書呼應的「建構執行力」一書，尤其是著重跟「人」有關的內容。這是我在短期內的夢想。

想當然爾，這本書光靠我自己的力量，絕對無法完成。在最後這個部分，我希望對一路走來對我照顧有加的恩人們，獻上最誠摯的謝意。

對我來說最大的恩人，便是賜給我成長機會的所有客戶們。以堀紘一先生、內田和成先生為首，教導我顧問這種「藝匠技術」之美的ＢＣＧ諸位前輩。協助我進行編輯的ＢＣＧ知識部門滿喜Tomoko小姐。為我善加安排好所有緊湊行程的祕書久須美志保小姐，以及不斷給我各種刺激，直接或間接對提供這本書的內容有莫大貢獻的ＢＣＧ同事與晚輩的各位——尤其是水越豐先生、杉田浩章先生、加藤廣亮先生。當然，還有許多在此不及備載的許多人們。有了各位的幫忙，才讓這本書能夠與大家見面，再次謝謝各位的協助！

附錄

索引

The BCG Way—The Art of Strategic Insight

1. 圖表索引

2. 公式索引

經濟新潮社 〈經營管理系列〉

書號	書名	作者	定價
QB1008	**殺手級品牌戰略：**高科技公司如何克敵致勝	保羅・泰伯勒等	280
QB1010	**高科技就業聖經：** 不是理工科的你，也可以做到！	威廉・夏佛	300
QB1011	**為什麼我討厭搭飛機：**管理大師笑談管理	亨利・明茲柏格	240
QB1015	**六標準差設計：**打造完美的產品與流程	舒伯・喬賀瑞	280
QB1016	**我懂了！六標準差2：**產品和流程設計一次OK！	舒伯・喬賀瑞	200
QB1017X	**企業文化獲利報告：** 什麼樣的企業文化最有競爭力	大衛・麥斯特	320
QB1018	**創造客戶價值的10堂課**	彼得・杜雀西	280
QB1021	**最後期限：**專案管理101個成功法則	Tom DeMarco	350
QB1022	**困難的事，我來做！：** 以小搏大的技術力、成功學	岡野雅行	260
QB1023	**人月神話：**軟體專案管理之道（20週年紀念版）	Frederick P. Brooks, Jr.	480
QB1024	**精實革命：**消除浪費、創造獲利的有效方法	詹姆斯・沃馬克、丹尼爾・瓊斯	480
QB1026	**與熊共舞：**軟體專案的風險管理	Tom DeMarco & Timothy Lister	380
QB1027	**顧問成功的祕密：** 有效建議、促成改變的工作智慧	Gerald M. Weinberg	380
QB1028	**豐田智慧：**充分發揮人的力量	若松義人、近藤哲夫	280
QB1031	**我要唸MBA！：**MBA學位完全攻略指南	羅伯・米勒、 凱瑟琳・柯格勒	320
QB1032	**品牌，原來如此！**	黃文博	280
QB1033	**別為數字抓狂：**會計，一學就上手	傑佛瑞・哈柏	260
QB1034	**人本教練模式：**激發你的潛能與領導力	黃榮華、梁立邦	280
QB1035	**專案管理，現在就做：**4大步驟， 7大成功要素，要你成為專案管理高手！	寶拉・馬丁、 凱倫・泰特	350
QB1036	**A級人生：**打破成規、發揮潛能的12堂課	羅莎姆・史東・山德爾、班傑明・山德爾	280
QB1037	**公關行銷聖經**	Rich Jernstedt等十一位執行長	299
QB1039	**委外革命：**全世界都是你的生產力！	麥可・考貝特	350

經濟新潮社 〈經營管理系列〉

書號	書名	作者	定價
QB1041	**要理財，先理債：** 快速擺脫財務困境、重建信用紀錄最佳指南	霍華德・德佛金	280
QB1042	**溫伯格的軟體管理學：**系統化思考（第1卷）	傑拉爾德・溫伯格	650
QB1044	**邏輯思考的技術：** 寫作、簡報、解決問題的有效方法	照屋華子、岡田惠子	300
QB1045	**豐田成功學：**從工作中培育一流人才！	若松義人	300
QB1046	**你想要什麼？**（教練的智慧系列1）	黃俊華著、 曹國軒繪圖	220
QB1047X	**精實服務：**生產、服務、消費端全面消除浪費，創造獲利	詹姆斯・沃馬克、 丹尼爾・瓊斯	380
QB1049	**改變才有救！**（教練的智慧系列2）	黃俊華著、 曹國軒繪圖	220
QB1050	**教練，幫助你成功！**（教練的智慧系列3）	黃俊華著、 曹國軒繪圖	220
QB1051	**從需求到設計：**如何設計出客戶想要的產品	唐納・高斯、 傑拉爾德・溫伯格	550
QB1052C	**金字塔原理：** 思考、寫作、解決問題的邏輯方法	芭芭拉・明托	480
QB1053X	**圖解豐田生產方式**	豐田生產方式研究會	300
QB1054	**Peopleware：**腦力密集產業的人才管理之道	Tom DeMarco、 Timothy Lister	380
QB1055X	**感動力**	平野秀典	250
QB1056	**寫出銷售力：**業務、行銷、廣告文案撰寫人之必備銷售寫作指南	安迪・麥斯蘭	280
QB1057	**領導的藝術：**人人都受用的領導經營學	麥克斯・帝普雷	260
QB1058	**溫伯格的軟體管理學：**第一級評量（第2卷）	傑拉爾德・溫伯格	800
QB1059C	**金字塔原理Ⅱ：** 培養思考、寫作能力之自主訓練寶典	芭芭拉・明托	450
QB1060X	**豐田創意學：** 看豐田如何年化百萬創意為千萬獲利	馬修・梅	360
QB1061	**定價思考術**	拉斐・穆罕默德	320
QB1062C	**發現問題的思考術**	齋藤嘉則	450

經濟新潮社　〈經營管理系列〉

書號	書名	作者	定價
QB1063	**溫伯格的軟體管理學：** 關照全局的管理作為（第3卷）	傑拉爾德・溫伯格	650
QB1065C	**創意的生成**	楊傑美	240
QB1066	**履歷王：**教你立刻找到好工作	史考特・班寧	240
QB1067	**從資料中挖金礦：**找到你的獲利處方籤	岡嶋裕史	280
QB1068	**高績效教練：** 有效帶人、激發潛能的教練原理與實務	約翰・惠特默爵士	380
QB1069	**領導者，該想什麼？：** 成為一個真正解決問題的領導者	傑拉爾德・溫伯格	380
QB1070	**真正的問題是什麼？你想通了嗎？：** 解決問題之前，你該思考的6件事	唐納德・高斯、傑拉爾德・溫伯格	260
QB1071X	**假說思考：**培養邊做邊學的能力，讓你迅速解決問題	內田和成	360
QB1072	**業務員，你就是自己的老闆！：** 16個業務升級祕訣大公開	克里斯・萊托	300
QB1073C	**策略思考的技術**	齋藤嘉則	450
QB1074	**敢說又能說：**產生激勵、獲得認同、發揮影響的3i說話術	克里斯多佛・威特	280
QB1075	**這樣圖解就對了！：**培養理解力、企畫力、傳達力的20堂圖解課	久恆啟一	350
QB1076X	**策略思考：**建立自我獨特的insight，讓你發現前所未見的策略模式	御立尚資	360
QB1078	**讓顧客主動推薦你：** 從陌生到狂推的社群行銷7步驟	約翰・詹區	350
QB1079	**超級業務員特訓班：**2200家企業都在用的「業務可視化」大公開！	長尾一洋	300
QB1080	**從負責到當責：** 我還能做些什麼，把事情做對、做好？	羅傑・康納斯、湯姆・史密斯	380
QB1081	**兔子，我要你更優秀！：** 如何溝通、對話、讓他變得自信又成功	伊藤守	280
QB1082X	**論點思考：**找到問題的源頭，才能解決正確的問題	內田和成	360
QB1083	**給設計以靈魂：**當現代設計遇見傳統工藝	喜多俊之	350

經濟新潮社 〈經營管理系列〉

書號	書名	作者	定價
QB1084	**關懷的力量**	米爾頓・梅洛夫	250
QB1085	**上下管理，讓你更成功！：**懂部屬想什麼、老闆要什麼，勝出！	蘿貝塔・勤斯基・瑪圖森	350
QB1086	**服務可以很不一樣：**讓顧客見到你就開心，服務正是一種修練	羅珊・德西羅	320
QB1087	**為什麼你不再問「為什麼？」：**問「WHY？」讓問題更清楚、答案更明白	細谷 功	300
QB1088	**成功人生的焦點法則：**抓對重點，你就能贏回工作和人生！	布萊恩・崔西	300
QB1089	**做生意，要快狠準：**讓你秒殺成交的完美提案	馬克・喬那	280
QB1090X	**獵殺巨人：**十大商戰策略經典分析	史蒂芬・丹尼	350
QB1091	**溫伯格的軟體管理學：**擁抱變革（第4卷）	傑拉爾德・溫伯格	980
QB1092	**改造會議的技術**	宇井克己	280
QB1093	**放膽做決策：**一個經理人1000天的策略物語	三枝匡	350
QB1094	**開放式領導：**分享、參與、互動——從辦公室到塗鴉牆，善用社群的新思維	李夏琳	380
QB1095	**華頓商學院的高效談判學：**讓你成為最好的談判者！	理查・謝爾	400
QB1096	**麥肯錫教我的思考武器：**從邏輯思考到真正解決問題	安宅和人	320
QB1097	**我懂了！專案管理**（全新增訂版）	約瑟夫・希格尼	330
QB1098	**CURATION 策展的時代：**「串聯」的資訊革命已經開始！	佐佐木俊尚	330
QB1099	**新・注意力經濟**	艾德里安・奧特	350
QB1100	**Facilitation 引導學：**創造場域、高效溝通、討論架構化、形成共識，21世紀最重要的專業能力！	堀公俊	350
QB1101	**體驗經濟時代**（10週年修訂版）：人們正在追尋更多意義，更多感受	約瑟夫・派恩、詹姆斯・吉爾摩	420
QB1102	**最極致的服務最賺錢：**麗池卡登、寶格麗、迪士尼都知道，服務要有人情味，讓顧客有回家的感覺	李奧納多・英格雷利、麥卡・所羅門	330
QB1103	**輕鬆成交，業務一定要會的提問技術**	保羅・雀瑞	280

經濟新潮社　〈經濟趨勢系列〉

書　號	書　　　名	作　　者	定價
QC1002	**個性理財方程式：**量身訂做你的投資計畫	彼得・塔諾斯	280
QC1003X	**資本的祕密：**為什麼資本主義在西方成功，在其他地方失敗	赫南多・德・索托	300
QC1004X	**愛上經濟：**一個談經濟學的愛情故事	羅素・羅伯茲	280
QC1014X	**一課經濟學**（50週年紀念版）	亨利・赫茲利特	320
QC1016	**致命的均衡：**哈佛經濟學家推理系列	馬歇爾・傑逢斯	280
QC1017	**經濟大師談市場**	詹姆斯・多蒂、德威特・李	600
QC1019	**邊際謀殺：**哈佛經濟學家推理系列	馬歇爾・傑逢斯	280
QC1020	**奪命曲線：**哈佛經濟學家推理系列	馬歇爾・傑逢斯	280
QC1026C	**選擇的自由**	米爾頓・傅利曼	500
QC1027X	**洗錢**	橘玲	380
QC1028	**避險**	幸田真音	280
QC1029	**銀行駭客**	幸田真音	330
QC1030	**欲望上海**	幸田真音	350
QC1031	**百辯經濟學**（修訂完整版）	瓦特・布拉克	350
QC1032	**發現你的經濟天才**	泰勒・科文	330
QC1033	**貿易的故事：**自由貿易與保護主義的抉擇	羅素・羅伯茲	300
QC1034	**通膨、美元、貨幣的一課經濟學**	亨利・赫茲利特	280
QC1035	**伊斯蘭金融大商機**	門倉貴史	300
QC1036C	**1929年大崩盤**	約翰・高伯瑞	350
QC1037	**傷一銀行崩壞**	幸田真音	380
QC1038	**無情銀行**	江上剛	350
QC1039	**贏家的詛咒：**不理性的行為，如何影響決策	理查・塞勒	450
QC1040	**價格的祕密**	羅素・羅伯茲	320
QC1041	**一生做對一次投資：**散戶也能賺大錢	尼可拉斯・達華斯	300
QC1042	**達蜜經濟學：**.me.me.me…在網路上，我們用自己的故事，正在改變未來	泰勒・科文	340
QC1043	**大到不能倒：**金融海嘯內幕真相始末	安德魯・羅斯・索爾金	650
QC1044	**你的錢，為什麼變薄了？：**通貨膨脹的真相	莫瑞・羅斯巴德	300

經濟新潮社　〈經濟趨勢系列〉

書號	書名	作者	定價
QC1046	**常識經濟學：**人人都該知道的經濟常識（全新增訂版）	詹姆斯・格瓦特尼、理查・史托普、德威特・李、陶尼・費拉瑞尼	350
QC1047	**公平與效率：**你必須有所取捨	亞瑟・歐肯	280
QC1048	**搶救亞當斯密：**一場財富與道德的思辯之旅	強納森・懷特	360
QC1049	**了解總體經濟的第一本書：**想要看懂全球經濟變化，你必須懂這些	大衛・莫斯	320
QC1050	**為什麼我少了一顆鈕釦？：**社會科學的寓言故事	山口一男	320
QC1051	**公平賽局：**經濟學家與女兒互談經濟學、價值，以及人生意義	史帝文・藍思博	320
QC1052	**生個孩子吧：**一個經濟學家的真誠建議	布萊恩・卡普蘭	290
QC1053	**看得見與看不見的：**人人都該知道的經濟真相	弗雷德里克・巴斯夏	250
QC1054C	**第三次工業革命：**世界經濟即將被顛覆，新能源與商務、政治、教育的全面革命	傑瑞米・里夫金	420
QC1055	**預測工程師的遊戲：**如何應用賽局理論，預測未來，做出最佳決策	布魯斯・布恩諾・德・梅斯奎塔	390
QC1056	**如何停止焦慮愛上投資：**股票＋人生設計，追求真正的幸福	橘玲	280
QC1057	**父母老了，我也老了：**如何陪父母好好度過人生下半場	米利安・阿蘭森、瑪賽拉・巴克・維納	350

經濟新潮社　〈自由學習系列〉

書號	書名	作者	定價
QD1001	**想像的力量：**心智、語言、情感，解開「人」的祕密	松澤哲郎	350
QD1002	**一個數學家的嘆息：**如何讓孩子好奇、想學習，走進數學的美麗世界	保羅・拉克哈特	250
QD1003	**寫給孩子的邏輯思考書**	苅野進、野村龍一	280

國家圖書館出版品預行編目資料

策略思考：建立自我獨特的insight，讓你發現前所未見的策略模式／御立尚資著；梁世英譯. -- 二版. -- 臺北市：經濟新潮社出版：家庭傳媒城邦分公司發行, 2014.04
面；　公分. --（經營管理；76）
譯自：戦略「脳」を鍛える：BCG流戦略発想の技術
ISBN 978-986-6031-51-9（平裝）

1. 策略管理　2. 思考

494.1　　103005266